U0170213

“绿都北京”研究系列丛书

Green Beijing Research Series

北京五里坨浅山区绿色空间
规划与设计研究

Planning and Design of Green Network in Wulituo Shallow Mountain Area, Beijing

北京林业大学园林学院
王向荣 刘志成 林箐 等 编著

中国建筑工业出版社
CHINA ARCHITECTURE & BUILDING PRESS

图书在版编目(CIP)数据

北京五里坨浅山区绿色空间规划与设计研究 = Planning and Design of Green Network in Wulituo Shallow Mountain Area, Beijing / 北京林业大学园林学院等编著．—北京：中国建筑工业出版社，2021.4
（“绿都北京”研究系列丛书）
ISBN 978-7-112-26088-1

Ⅰ．①北… Ⅱ．①北… Ⅲ．①山区－绿化规划－空间规划－研究－北京 Ⅳ．① TU983

中国版本图书馆 CIP 数据核字（2021）第 074933 号

责任编辑：杜　洁　李玲洁
责任校对：李美娜

“绿都北京”研究系列丛书
Green Beijing Research Series
北京五里坨浅山区绿色空间规划与设计研究
Planning and Design of Green Network in Wulituo Shallow Mountain Area, Beijing

北京林业大学园林学院
王向荣　刘志成　林箐　等　编著

*

中国建筑工业出版社出版、发行(北京海淀三里河路9号)
各地新华书店、建筑书店经销
天津图文方嘉印刷有限公司印刷

*

开本：787毫米×1092毫米　1/16　印张：10¾　字数：329千字
2021 年 5 月第一版　2021 年 5 月第一次印刷
定价：99.00元
ISBN 978-7-112-26088-1
(37102)

编委会

主　　编　王向荣　刘志成　林　箐

副主编　李　倞　钱　云　王沛永　段　威　尹　豪　张云路　李　正

本研究由城乡生态环境北京实验室和北京林业大学
美丽中国人居生态环境研究院共同支持

前 言

美国著名风景园林师西蒙兹（John Simonds 1913-2005）出版过一本文集 Lessons(中文版书名为《启迪》)，书中有一篇文章记录了西蒙兹 1939 年到北平考察的经历。

在北京，西蒙兹拜访了一位祖上曾经参与规划了元大都的李姓建筑师，李先生非常赞赏他能到北京考察风景规划，并向西蒙兹简单地介绍了元大都的规划思想。"在这片有良好水源的平原上，将建设一个伟大的城市——人们在这里可以与上天、自然以及同伴们和谐共处"。"蓄水池以自然湖泊的面貌贯穿整个都城，挖出的土用来堆成湖边的小山，湖边和山上种植了从全国各地收集来的树木和花灌木"。"关于公园事宜和开放空间，可汗命令不能有孤立的公园。更准确地说，整个大都城将被规划成一个巨大而美丽的花园式公园，期间散布宫殿、庙宇、公共建筑、民居和市场，全都有机地结合在一起"。"从文献中我了解到北平被一些来此旅游的人称为世界上最美丽的城市，我不知道这是否正确。如果真是这样，那么这种美丽不是偶然形成的，而是从最大的布局构思到最小的细节——都是通过这样的方法规划而成的。"

北京的确如西蒙兹在文章中提到的李姓建筑师所说，是一座伟大的城市，也是一个巨大而美丽的花园式都城。

北京有着优越的地理条件，城市的西、北和东北被群山环绕，东南是平原。市域内有 5 条河流，其中的永定河在历史上不断改道，在这片土地上形成广阔的冲积扇平原，留下了几十条故道，这些故道随后演变为许多大大小小的湖泊，有些故道转为地下水流，在某些地方溢出地面，形成泉水。

北京又有着 3000 年的建城史。李先生提到的元大都已将人工的建造与自然环境完美地叠加融合在一起，到了清朝时期，北京城人工与自然的融合更加紧密完善。城市西北郊建造了三山五园园林群，西山和玉泉山的汇水和众多泉流汇纳在一起，形成这些园林中的湖泊，水又通过高粱河引入城市，串联起城中的一系列湖泊。许多宫苑、坛庙、王府临水而建，水岸也是城市重要的开放空间。城中水系再通过运河向东接通大运河。由此，北京城市内外的自然景观成为一个连贯完整的体系，这一自然系统承担着调节雨洪、城市供水、漕运、灌溉、提供公共空间、观光游览、塑造城市风貌等复合的功能。城市居住的基本单元——四合院平铺在棋盘格结构的城市中，但每一个四合院的院子里都有别样的风景，每个院子都种有大树，如果从空中鸟瞰，北京城完全掩映在绿色的海洋之中。

然而，随着人口的增加和城市建设的发展，北京的环境在迅速地变化着，古老的护城河已部分消失，一起消失的还有城市中的不少湖泊和池塘。特别是快速城市化以来，北京的变化更为剧烈。老城中低矮的四合院被高楼大厦取代，步行尺度的胡同变成了宽阔的道路。老城之外，城市建设不断向周边蔓延，侵占着田野、树林和湿地，城市内外完整的自然系统被阻断，积极的公共空间不断消失，而交通设施的无限扩张，又使得城市被快速路不断地切割，城市渐渐失去了人性化的尺度，也渐渐失去了固有的个性与特色。

面对自然系统的断裂和公共空间的破碎与缺失等城市问题，作为风景园林、城市规划和建筑学的教育和研究者，我们看到了通过维护好北京现有的自然环境和公园绿地，利用北京的河道、废弃的铁路和城市中的开放土地，改造城市快速交通环路，建设一条条绿色的廊道，并形成城市中一个完整的绿色生态网络，从而再塑北京完整的自然系统和公共空间体系的巨大机会。

这条绿色的生态网络可以重新构筑贯穿城市内外的连续自然系统，使得城市的人工建造与自然环境有机地融合在一起；这个网络可以将由于建造各种基础设施而被隔离分割的城市重新连接并缝合起来，形成城市的公共空间体系；这个网络可以承载更加丰富多彩的都市生活，成为慢行系统、游览、休憩和运动的载体，也成为人们认知城市、体验城市的场所；这个网络还可以带来周边地区更多的商业机会，促进周围社区的活力；这个网络更是城市中重要的绿色基础设施，承担着雨洪管理、气候调节、生态廊道、生物栖息地构建、生物多样性保护的关键作用……

这套丛书收录的是我们对北京绿廊和生态网络构建的研究和设想。当然，畅想总是容易的，而实施却面临着巨大的困难和不确定性，但是我们看到，世界上任何伟大的城市之所以能够建成，就是从畅想开始的，如同元大都的建设一样。

在《启迪》中那篇谈到北京的文章最后，西蒙兹总结到："要想规划一个伟大的城市，首先要学习规划园林，两者的原理是一样的"。

我们的研究实质上就是以规划园林的方式来改良城市，希望我们的这些研究成果也能对北京未来的建设和发展有所启迪。

2018 年 1 月

Forewords

The famous US landscape architect John Simonds once published a corpus named 'Lessons', and one of the articles in this book records the experience of Simonds's investigation to Beijing in 1939.

Simonds visited an architect surnamed Li whose ancestors once took part in planning of the Great Capital of Yuan in Beijing, and the architect admired that Simonds came to Beijing to study landscape planning. He also briefly introduced the planning thoughts of the Great Capital of Yuan to Simonds's group. According to architect Li, here on this well-watered plain, was to be built a great city in which man would find himself in harmony with God, with nature, and his fellow man. Throughout the capital were to be located reservoirs in the form of lakes and lagoons, the soil formed their excavations to be shaped into enfolding hills, planted with trees and flowering shrubs collected from the farthest reaches of his dominion. As for the matter of parks and open spaces, architect Li said the Khan decreed that no separate parks were to be set aside. Rather, the whole of Ta-Tu would be planned as one great inter-related garden-park, with palaces, temples, public buildings, homes and market places beautifully interspersed. He also added that he was led to believe that Peking (now present day Beijing) was regarded by some who have travelled here to be the most beautiful city of the world, which he could not know to be true. If so, it would be no happenstance, for from the broadest concept to the least detail --- it was planned that way.

Just like what architect Li mentioned, Beijing is indeed a great city, also a grand gorgeous garden capital.

With superior geographical condition, Beijing city is surrounded by mountains in the west, north and northeast direction, and the southeast of the city is plain. There are 5 rivers in the city. Among them, the Yongding River has constant changed of course in history, thus formed the vast alluvial fan plain here and has left dozens of old river courses. These old water courses then evolved into lakes with different scales, some even transformed into underground water streams and overflowed to the ground to form springs.

At the same time, Beijing has a history of 3000 years of city construction. As architect Li said, the Great Capital of Yuan has integrated the artificial construction and the natural environment perfectly. And when it came to Qing Dynasty, the integration of labor and nature is even more perfect in Beijing city. People built the 'Three Hills and Five Gardens' in the northwest of the city, so that the catchments of the West Mountain and Yuquan Mountain could join numerous springs together, and formed the lakes in these royal gardens. Then, water was introduced into the city through the Sorghum River, and thus a series of lakes inside the city are connected. Plenty of palatial gardens, temples and mansions of monarch were built in the waterfront, which makes the water bank an important open space for the whole city. The river system in the city heads for the east and connects to the Grand Canal, which makes the nature environment inside and outside the city into a coherent and complete system, which takes the charge of compound functions including the regulation of rain flood, city water supply, water transport, irrigation, providing public space, sightseeing function and shaping the cityscape. As the basic unit of urban living, Siheyuans are paved in the city with chessboard structure. Uniformed as they are in appearance, we can still see unique landscape and stories in each different courtyard. There are big trees thriving in each courtyard, as if they were telling the history of each family. If we have a bird's eye view from the air, Beijing will be completely covered in the green ocean.

However, with the population increase and the urban construction development, the environment of Beijing has been changing rapidly. The ancient moat has partly disappeared, together with many lakes and ponds in the city. Beijing has changed even more fast and violent since the rapid urbanization. Low Siheyuans have been replaced by skyscrapers, and Hutongs of walking scale also became broad roads for vehicles. Apart from the Old City, the urban construction in Beijing has been spreading to the surrounding area, invading the fields, forests and wetlands. As a result, the holistic natural system both inside and outside the city is blocked, active public space is disappearing, and the unlimited expansion of transportation facilities make the city constantly cut by express ways. We cannot deny that the city has gradually lost its humanized scale, and it has also gradually lost its inherent personality and characteristics.

In face of the city fracture problems of natural systems and the broken public space, as landscape architects, urban planners, architecture educators and researchers, we see huge opportunities to maintain the existing natural environment and garden greenways, use the river courses, disused railways and open lands in Beijing to reform the city fast traffic roads and construct several green corridors in order to form a complete green ecological network in the city, and remold integrated natural system and public space system in Beijing.

This green ecological network can reconstruct the continuous natural system running throughout the city, so that the artificial construction of the city can be organically integrated with the natural environment. The network can connect and stitch the city divided by all kinds of infrastructure, and form a public space system in Beijing. What's more, the network can carry more colorful urban life styles and become the supporter of slow travel system, sightseeing, recreation and sports, and it will turn into a place for people to cognize and experience the city. It can also bring more business opportunities in the surrounding areas to promote the vitality of the communities in the neighborhood. Above all, the network is a significant ecological infrastructure in the city, which plays key roles in rain and flood management, climate regulation, ecological corridors, biological habitat construction and biodiversity conservation, etc.

This collection includes our researches and thinking of greenways and the construction of ecological corridor network in Beijing. It is without doubts that imagination is always easy, while implementation is always faced with great difficulties and uncertainties. But we can see that any great city in the world was finally built up based on the imaginations in the beginning, just like the construction of the Great Capital of Yuan.

In the article about Beijing from 'Lessons', Simonds concluded that: If you want to plan a great city, you need to learn to plan gardens first, for the principles of both are the same.

Essentially, our research is to explore a way to improve a city in the way of planning gardens, and we do hope that our research results may enlighten the future construction and development in Beijing.

Wang Xiangrong

January, 2018

目录 / CONTENTS

01 课程简介
INTRODUCTION OF THE COURSE 12

02 专题研究
SPECIALIZED STUDIES 14

城市空间专题研究
Specialized Studies on Urban Space 16

交通系统专题研究
Specialized Studies on Transportation System 22

水文系统专题研究
Specialized Studies on Hydrology System 30

绿地系统与植被专题研究
Specialized Studies on Green Spaces 38

历史文化专题研究
Specialized Studies on History and Culture 42

03 绿色空间规划研究

RESEARCH ON GREEN SPACE PLANNING

44

规划方案一
山川 · 河川 · 平川——
基于生态安全和生活联通的山水城过渡空间规划
Mountains · Rivers · Plains——
Ecological Security and Life Connectivity: The Strategic Plan on the Green Space of Hillside Area in Wulituo, Beijing 46

规划方案二
相逢山水地，居游城市间——
构建融山水城村于一体的生态旅游宜居山城五里坨
Better Landscape,Better City Life——
Building A Sustainable and Livable Tourist Suburban Hilly City, Wulituo 60

规划方案三
“称”——“坨”
公平视角下的五里坨城山生态绿色空间规划
From the Perspective of Social Equity:
The Strategic Plan on the Green Space of Hillside Area in Wulituo, Beijing 76

04 重点地块设计研究

RESEARCH ON KEY PLOT DESIGN

86

高井热电厂工业遗址公园规划设计方案一
Industrial Heritage Park of Gaojing Thermal Power Design Plan 1 90

高井热电厂工业遗址公园规划设计方案二
Industrial Heritage Park of Gaojing Thermal Power Design Plan 2 96

永引公园规划设计方案一
Yongyin Park Design Plan 1 100

永引公园规划设计方案二
Yongyin Park Design Plan 2 104

三家店车站段规划设计方案
Renovation Design of the Section of The Sanjiadian Station 108

门城湖公园中段规划设计方案一
Menchenghu Park Design Plan 1 114

门城湖公园中段规划设计方案二
Menchenghu Park Design Plan 2 120

铁路与永定河旁绿地规划设计方案
Landscape Design of Greenspace along Yongding River and Railway 124

三家店古村落及周边地块规划设计方案一
Sanjiadian Historic Village and Surrounding Area Design Plan 1 128

三家店古村落及周边地块规划设计方案二
Sanjiadian Historic Village and Surrounding Area Design Plan 2 134

三家店东生态廊道设计方案
Design of Ecological Corridor in the East of Sanjiadian Area 140

三家店与五里坨公园环景观设计方案
Design of Parkring in Sanjiadian and Wulituo Area 144

炮厂片区规划设计方案一
Artillery Factory Area Planning and Design Scheme 1 148

炮厂片区规划设计方案二
Artillery Factory Area Planning and Design Scheme 2 152

双泉村规划设计方案
Planning and Design of Shuangquan Village 156

陈家沟村规划设计方案
Planning and Design of Chenjiagou Village 160

05 研究团队
RESEARCH TEAM

164

核心研究团队
Core Researchers 165

特邀专家
Invited Experts 167

研究生团队
Postgraduates 169

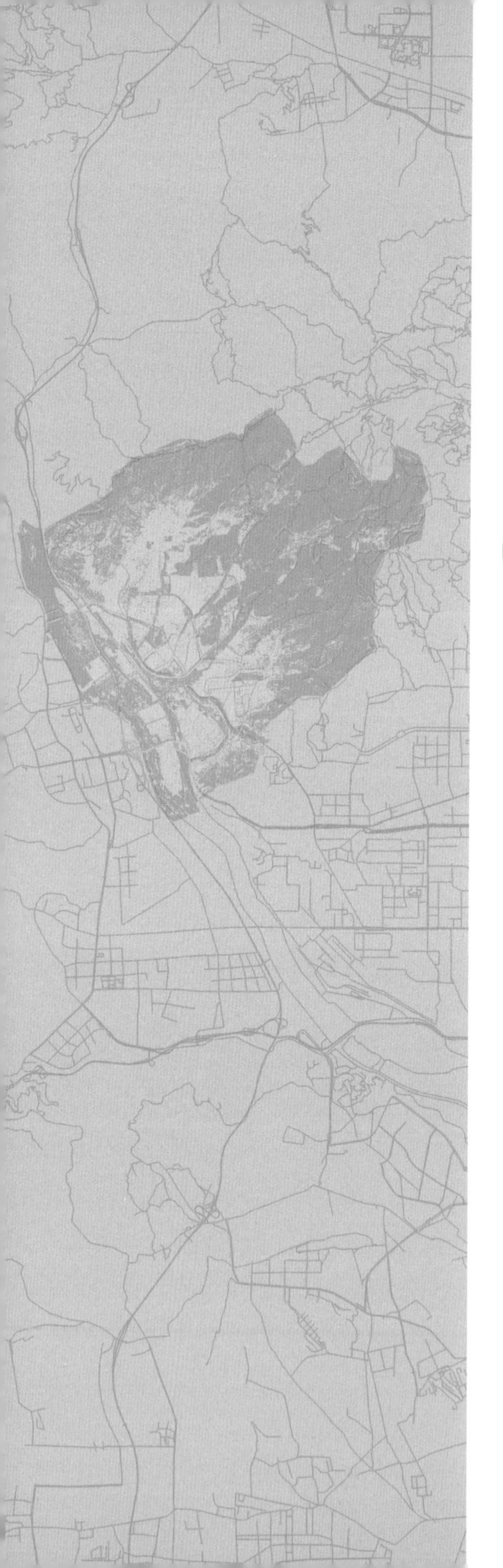

01 课程简介

INTRODUCTION OF THE COURSE

浅山区研究是当今城乡人居生态环境研究的重要课题之一。由于其特殊的地理特征（按照北京市规定，市域内高程在 100 ~ 300m 为浅山丘陵地区），浅山区在城市发展中的地位非常关键，既受到城市化扩张影响，又成为城市与自然的过渡地带。过去，中国的城市浅山区常被忽视，产生了自然生态破坏严重、环境污染、空间形态混乱、社会矛盾突出等一系列问题。目前，北京对于城市浅山区发展愈发重视，要求“抓生态修复和生态保护，进一步扩大绿色生态空间和环境容量，努力把浅山区建设成为首都城市建设发展的第一道生态屏障”。

本次研究的北京五里坨地区，位于小西山西麓，由小西山和永定河围合形成“碗状”区域，是北京新总规提出的“西山永定河文化带”的关键区域之一。该区域包括浅山区和平原地带，由于受到首钢工业区域的污染影响，且位于石景山区和门头沟区的交接地带，发展相对滞后。除了自然山地以外，该区域主要包括原首钢工业区、普通住宅区和自然村庄，且存在多种类型的城市基础设施，亟待更新发展。本次研究重点探索如何在现有城市空间的基础上，建立一个绿色空间网络，发挥一系列综合效益，保护关键的生态用地，重建区域生态水文系统，实现交通基础设施的绿色更新，保护利用重要文化资源，结合北京“留白增绿计划”挖掘新的城市绿色空间资源，最终建设一个连贯、高效、多元的生态廊道，推动城市和浅山区的绿色发展。

The study of shallow mountain area is one of the important topics in the study of urban and rural human settlements. Because of its special geographical characteristics (according to the regulations of Beijing, the elevation of shallow mountain and hilly area is between 100 m and 300 m), the position of shallow mountain area in urban development is very important, which is not only affected by the expansion of urbanization, but also becomes the transition zone between city and nature. In the past, China's urban shallow mountain areas were often ignored, resulting in a series of problems, such as serious natural ecological damage, environmental pollution, spatial chaos and prominent social contradictions. At present, Beijing pays more and more attention to the development of urban shallow mountain areas, which requires "pay attention to ecological restoration and ecological protection, further expand the green ecological space and environmental capacity, and strive to build the shallow mountain areas into the first ecological barrier for the construction and development of the capital city".

Wulituo area in Beijing is located at the West foot of Xiaoxishan mountain. It is surrounded by Xiaoxishan and Yongding River to form a bowl shaped area. It is one of the key areas of "Xishan Yongding River Cultural belt" proposed by the new general plan of Beijing. This area includes shallow mountain area and plain area. Due to the pollution of Shougang industrial area, and located at the junction of Shijingshan District and Mentougou District, its development is relatively backward. In addition to the natural mountains, the area mainly includes the original Shougang industrial area, ordinary residential area, natural villages and military land, and there are various types of urban infrastructure, which need to be updated and developed. This study focuses on how to establish a green space network on the basis of existing urban space, give play to a series of comprehensive benefits, protect key ecological land, reconstruct regional ecological hydrological system, realize green renewal of traffic infrastructure, protect and utilize important cultural resources, and explore new urban green space resources in combination with Beijing "blank space and green Enhancement Plan" to build a coherent, efficient and diversified ecological corridor to promote the green development of cities and shallow mountainous areas.

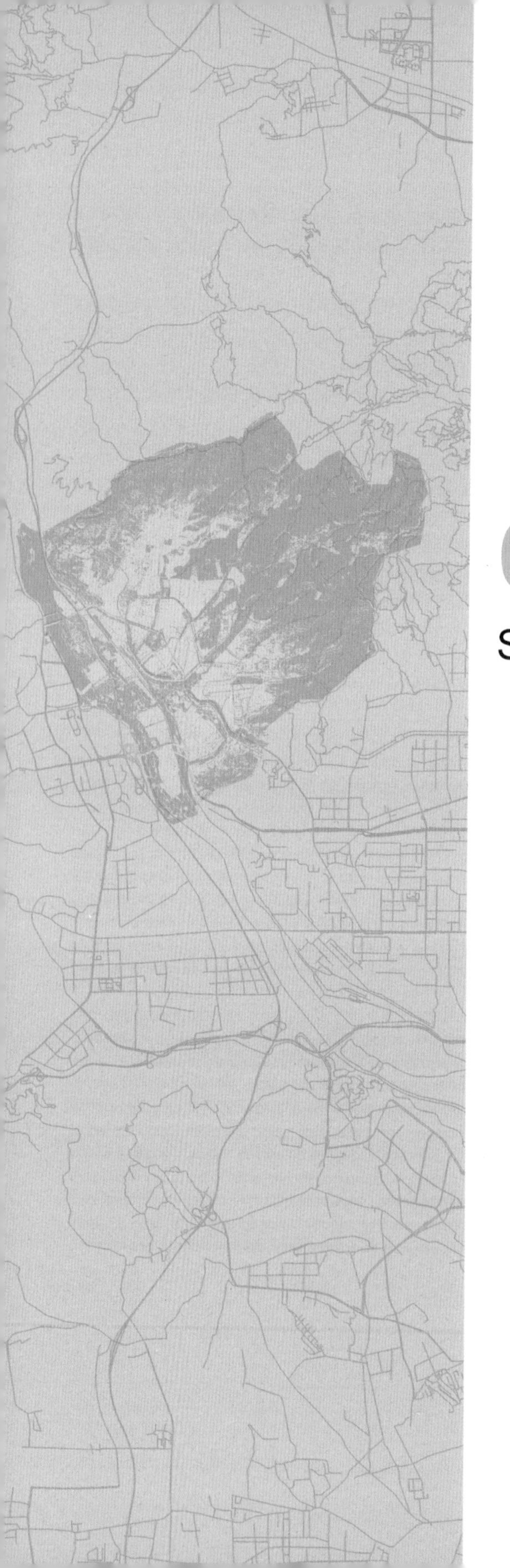

02 专题研究

SPECIALIZED STUDIES

五里坨地区位于北京市中心城区西缘，占地约 25km^2。该区域包括浅山区和相邻的平原地带，大部分区域海拔在 100 ～ 300m，城区坡度基本处于 7% 以下，山地坡度在 25% ～ 40%。从生态环境的角度来看，五里坨浅山区是北京西北部的第一道生态屏障。同时，五里坨地区还具有深厚的历史文化底蕴：古代重要的商贸路线——京西古道经五里坨地区与山西、内蒙古高原相连，其中的三家店村更是京西商贸要邑；此外，小西山山麓自古以来便是皇家园林和寺观的兴盛之地，五里坨地区共有古寺庙 5 座，分别为慈善寺、双泉寺、翠云庵、兴隆寺、龙王庙。还有一条东起青龙山东麓的昌化寺、西达天泰山慈善寺的古香道，据《燕京岁时记》载："每岁三月十八日开庙，香火甚繁。"古香道至今香火旺盛，游人如织，串联起众多自然文化遗产资源。

为了深入地了解五里坨地区现状城市格局的形成与演变，在走访调研的基础上，本课题从城市空间、交通、水文、绿地以及历史文化等多个方面对五里坨地区分别进行专题研究，为随后的规划与设计研究提供依据与支撑。

Wulituo area is located in the western edge of the central city of Beijing, covering an area of about 25km^2. This area includes shallow mountainous areas and adjacent plains, most of which are 100-300 meters above sea level. The slope of the urban area is mostly below 7%, and the slope of the mountainous area is from 25% to 40%. From the perspective of ecological enviroment, Wulituo shallow mountain area is the first ecological barrier in northwest Beijing. At the same time, wulituo area also has a profound historical and cultural heritage: the Jingxi ancient path, an important trade route in ancient times, used to connect Beijing with Shanxi and Inner Mongolia Plateau through wulituo area, and Sanjiadian village was an important commercial town in West Beijing. In addition, the foothills of Xiaoxishan mountain was the prosperous place of royal gardens and temples in ancient times. There are 5 ancient temples in wulituo area, which are Charity temples, Shuangquan temple, Cuiyun temple, Xinglong temple and Longwang temple. There is also an ancient incense path which starts from Changhua temple at the eastern foot of Qinglong mountain in the east and reaches the Charity temple of Tiantai Mountain in the West. According to the *Annals of Yanjing*, the temple opened on March 18th every year, and the odor of incense filled the air. Up to now, the ancient incense path is crowded with visitors, connecting many heritage resources.

In order to deeply understand the formation and evolution of the current urban pattern in wulituo area, based on the investigation and interview, this paper studies the wulituo area from the aspects of urban space, traffic, hydrology, green space and historical culture, so as to provide basis and support for the subsequent planning and design research.

城市空间专题研究

Specialized Studies on Urban Space

1. 五里坨地区城市用地现状总述

五里坨地区规划研究地块位于北京中心城区西缘，地跨石景山区和门头沟区，坐落于小西山山脉和永定河环抱的碗状区域，面积约为 25km²，南侧邻近 2020 北京冬奥会的举办地之一——首钢遗址公园。规划地块大部分属于浅山区，坡度多在 15°以下，总体呈现东高西低、城缓山陡的趋势，是城区与山区交接的重要地带，其间还分布着丰富的历史文化资源，无论是从城市发展的角度，还是生态环境的角度，五里坨地区都具有重要的战略意义。

根据最新版北京城市总体规划，五里坨地区处于城市空间结构中的生态涵养区与中心城区交接处，要求整合石景山—门头沟地区空间资源，为城市未来发展提供空间。根据市域绿色空间结构规划，规划地块处于二道绿隔郊野公园环上，背靠山区生态屏障，毗邻永定河，对于控制城市开发边界和增加绿色生态空间有重要意义。在科技创新中心布局中，石景山区应建设成为国家级产业转型发展示范区，绿色低碳的首都西部综合服务区，山水文化融合的生态宜居示范区。根据市域风貌分区示意图，本地区位于风貌引导区，紧邻门头沟山区风貌区。根据北京城市总体规划中的历史文化名城保护结构规划，规划地块位于西山永定河文化带内，紧邻三山五园地区和模式口及三家店历史文化保护区。

上位规划对地块的定位总结为以下三个方面：

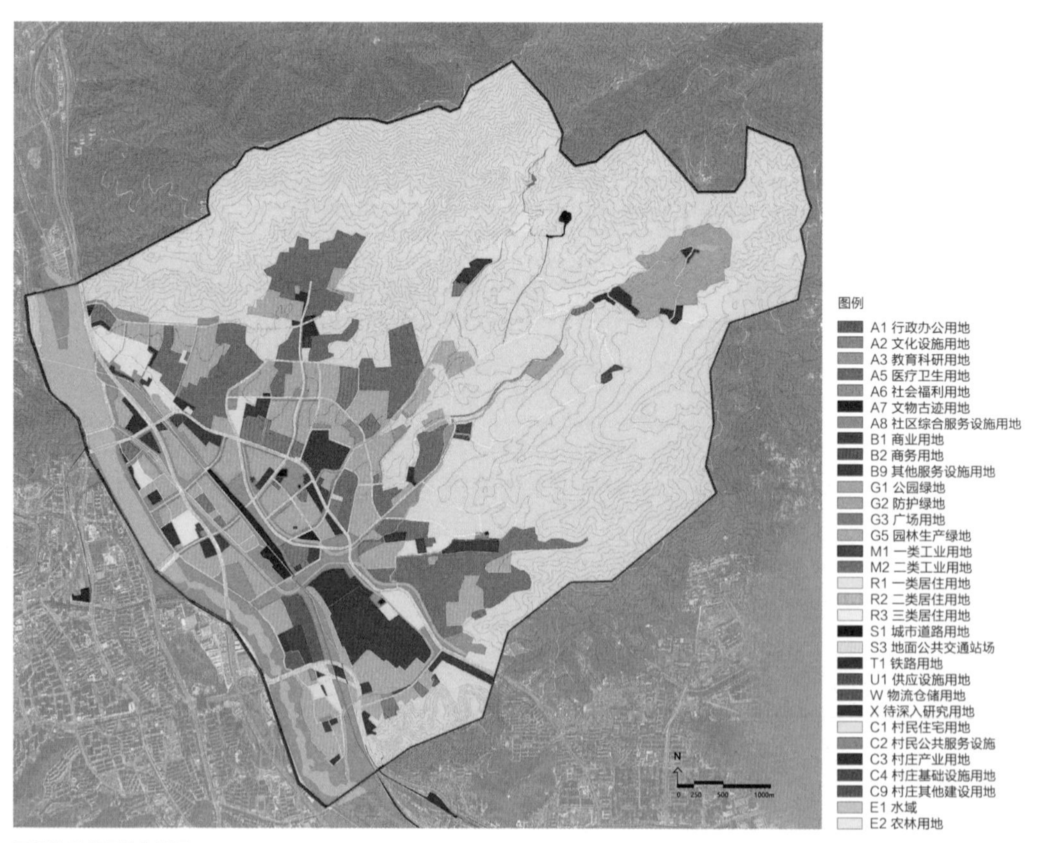

五里坨现状用地分析图

Land Use Categories of Wulituo

（1）经济社会：规划地块位于生态涵养区的新城之中，要建成首都西部综合服务区。

（2）生态资源：规划地块同时拥有浅山和永定河两个自然资源，作为首都西部重点生态保育及区域生态治理协作区，承担了控制城市开发边界和增加绿色生态空间的任务。

（3）历史文化：西山永定河历史文化带有助于推动京西历史文化旅游休闲体系建设。

随着北京城区的城镇化建设扩张，五里坨地区的建设用地在浅山区沿铁路线和快速路近年来呈现出大幅的增长，涨幅约 100%。为避免无序的城乡用地扩张，需要对此种势头加以管理控制，推动存量更新改造；在城镇化过程中，增加的建设用地来自于原有的部分林地，尤其是沿铁路和快速路分布的林地，尽管西北部有少量林地的增加，林地仍然沿城镇建设发展方向呈现退化态势，场地东部林地退化尤其严重，五里坨地区林地退化幅度约为 26%；耕地在场地西北部有明显退化，但局部也有少量耕地增加，耕地的基本格局保持不变，减少约为 15%。

2. 不同城市功能的 POI 核密度分析

为了较好地反映规划地块内部不同的城市功能对于周边地区的服务水平与覆盖程度，本研究利用不同类型的 POI 数据进行了核密度分析：

（1）餐饮：餐饮业态相对可以覆盖到五里坨区域，并在古村落附近较完善；

（2）购物：规划地段内购物点匮乏，与中心城区差距明显；

（3）交通：交通设施和相邻区域呈现明显的断裂；设施分布不集中，六环高架为区域相对重要的交通枢纽地带；

（4）产业：区域内有一定的企业分布，但并无核心、集中分布区，集聚效应较弱。

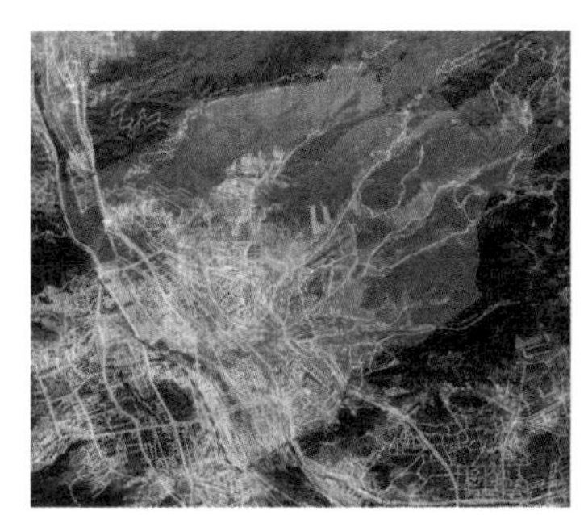
餐饮
Repast

购物
Shopping

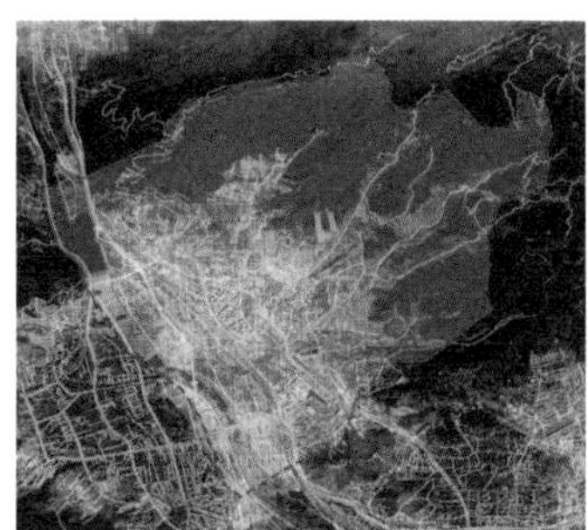
医疗设施
Medical Facilities

生活服务
Domestic Services

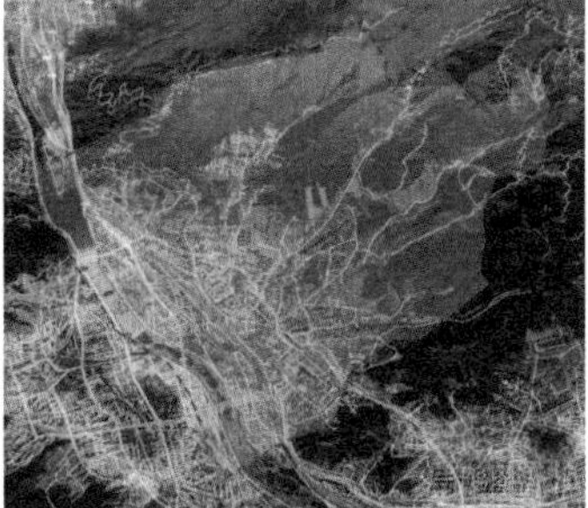
交通设施
Transportation Facilities

公司企业
Corporate

POI 核密度分析图
POI Density Analysis

3. 各类型用地的基本情况

五里坨地区现状用地较为杂乱，居住用地建筑质量参差不齐，多为二、三类居住用地；公共管理与公共服务用地集中在场地中部；商业用地较少，分布不均，且主要集中在场地北部，没有形成体系；工业没落，南部还有少量的工业用地残存；此外，由于工业腾退还导致了大量荒地成为待深入研究用地。

城乡居民建设用地
Urban and Rural Residents' Construction Land

居住用地
Residential

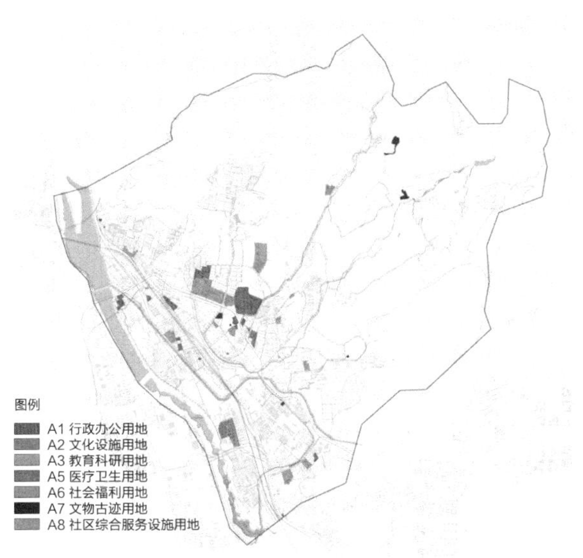

公共管理与公共服务用地
Administration and Public Services

商业服务业设施用地
Commercial and Business Facilities

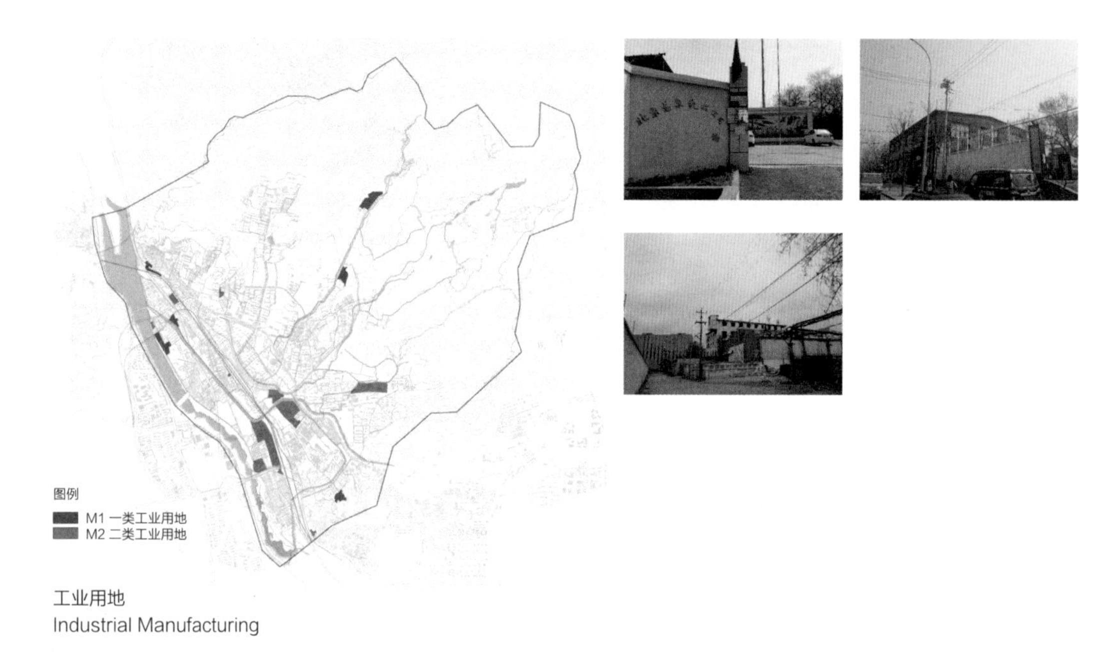

工业用地
Industrial Manufacturing

图例
待深入研究用地

待深入研究用地
In-depth Study of Land

4. 居住建筑质量评价

为客观评价研究地块内现状的居住建筑，本研究通过分析地块内的建筑密度、容积率、质量、高度，构建了现状建筑综合评价指标。评估发现，规划用地内的棚户区和部分自然村落的建筑密度最高；规划用地内有 2 处 15 层以上的居住小区，容积率在 4 以上；建筑质量参差不齐，铁路沿线居住区建筑质量较差，多为棚户区和废弃厂房；中心地段质量较好，多为新建小区；山上部分村落建筑质量较差；五里坨地区除中部商品房小区外，建筑按层高分类多为低层 (1~2 层) 和中层 (3~6 层) 建筑。由于层高较低，对山脊天际线有一定遮挡但并不严重。

- 建筑质量综合评价指标
  - 文化指标
    - 历史价值
    - 美学价值
    - 与周边环境协调程度
  - 物理指标
    - 建筑选址
    - 建筑构造完损程度
  - 经济指标
    - 公共服务设施种类数量
    - 可达性
  - 生态指标
    - 建筑朝向
    - 窗墙比
    - 环境绿化率

建筑质量综合评价指标框架
Comprehensive Evaluation Index Framework of Building Quality

建筑质量综合评价指标
Comprehensive Evaluation Index of Building Quality

分类	指标	客观描述
文化指标	历史价值	历史价值越高，说明建筑的文化气质越高，与当地文化背景适应性越高
	美学价值	美学价值越高，说明建筑形式符合人们的审美，建筑空间满足人们的需求，建筑色彩符合城市色彩的基调
	与周边环境协调程度	与环境协调程度越高，说明建筑高度适宜，对周边建筑无光照遮挡和视线干扰；不干涉周边场地的步行交通；建筑色彩与形式与周围建筑融合度高
物理指标	建筑选址	建筑选址越适宜，说明地基坚实没有沉降，环境条件越舒适
	建筑构造完损程度	房屋构造完损程度越低，说明建筑质量越好，安全性越高
经济指标	公共服务设施种类数量	公共服务设施种类数量越丰富，说明建筑周边生活条件越便利
	可达性	可达性越高，说明建筑与其他有关地区相接触进行社会经济交流的机会与潜力越高
生态指标	建筑朝向（北方地区）	建筑朝向越好，说明太阳能利用度越高，空气流动越好
	窗墙比	窗墙比值越适宜，说明建筑更为节能（一是窗和透明幕墙的热工性能影响到冬季采暖、夏季空调室内外温差传热；另外就是窗和幕墙的透明材料（如玻璃）受太阳辐射影响而造成的建筑室内的得热）
	环境绿化率	环境绿化率越高，说明建筑居住舒适度越高，视觉效果越好，满足居住者日常活动需求

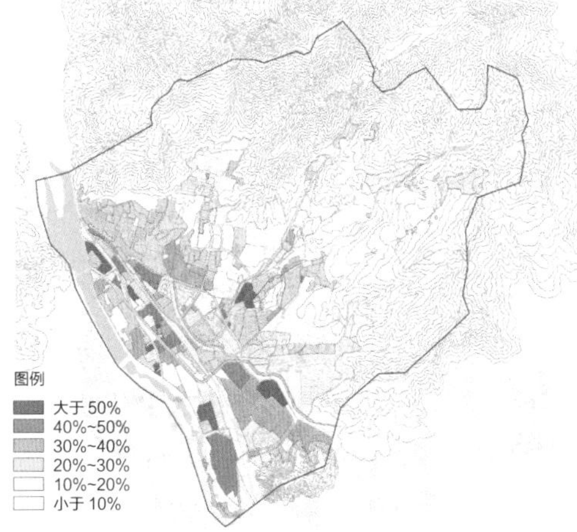

建筑密度
Building Density

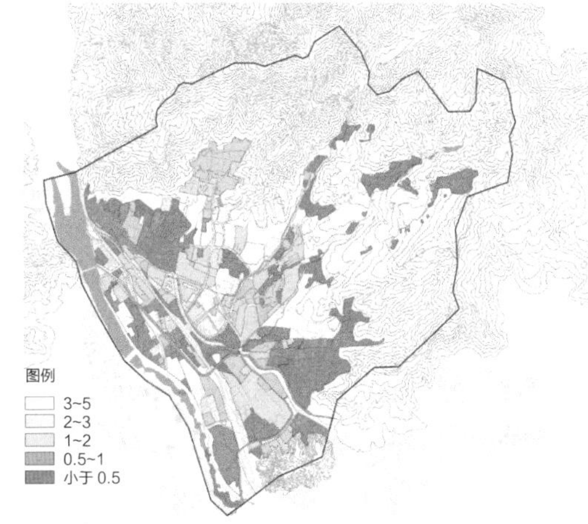

容积率
Building Volume Ratio

建筑质量
Building Quality

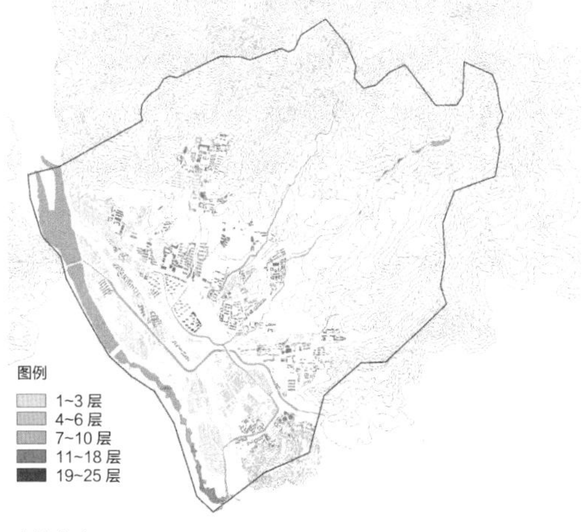

建筑高度
Building Height

交通系统专题研究

Specialized Studies on Transportation System

1. 五里坨道路系统概况

2009 ~ 2018 年是五里坨地区道路系统建设快速发展的时期。截至 2018 年，新建了水闸路、石门南路等主要交通道路，公共交通也基本覆盖了主要的城市空间。然而，现状道路系统的连通性较差，整体的道路系统还有很大的发展潜力。

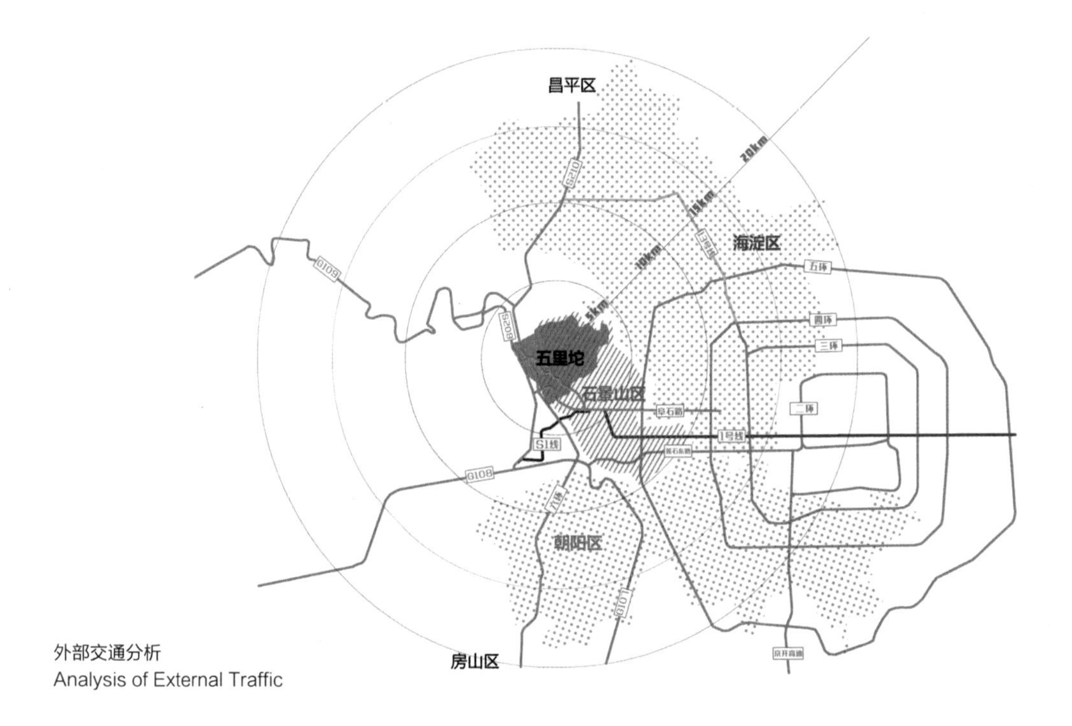

外部交通分析
Analysis of External Traffic

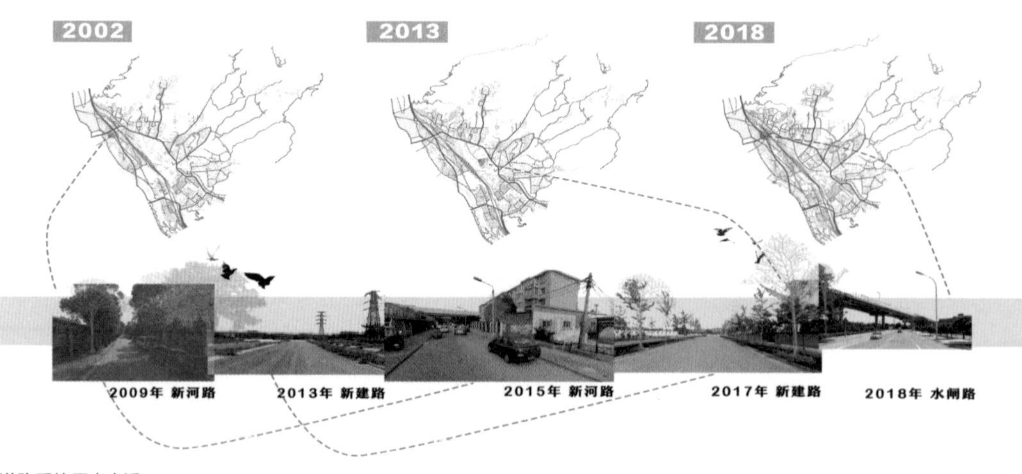

道路系统历史变迁
Historial Change of Road System

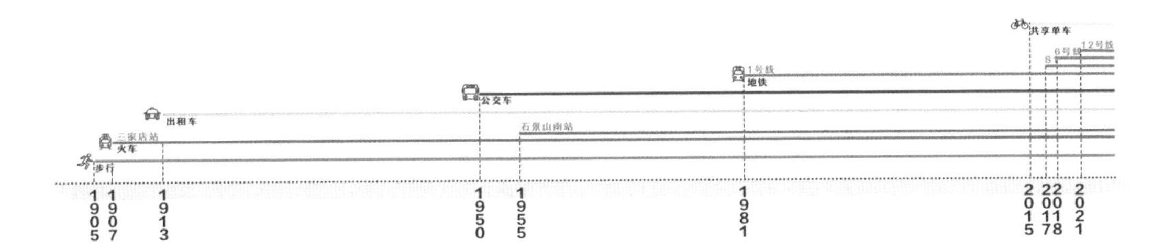

公共交通发展历史
History of Public Transport Development

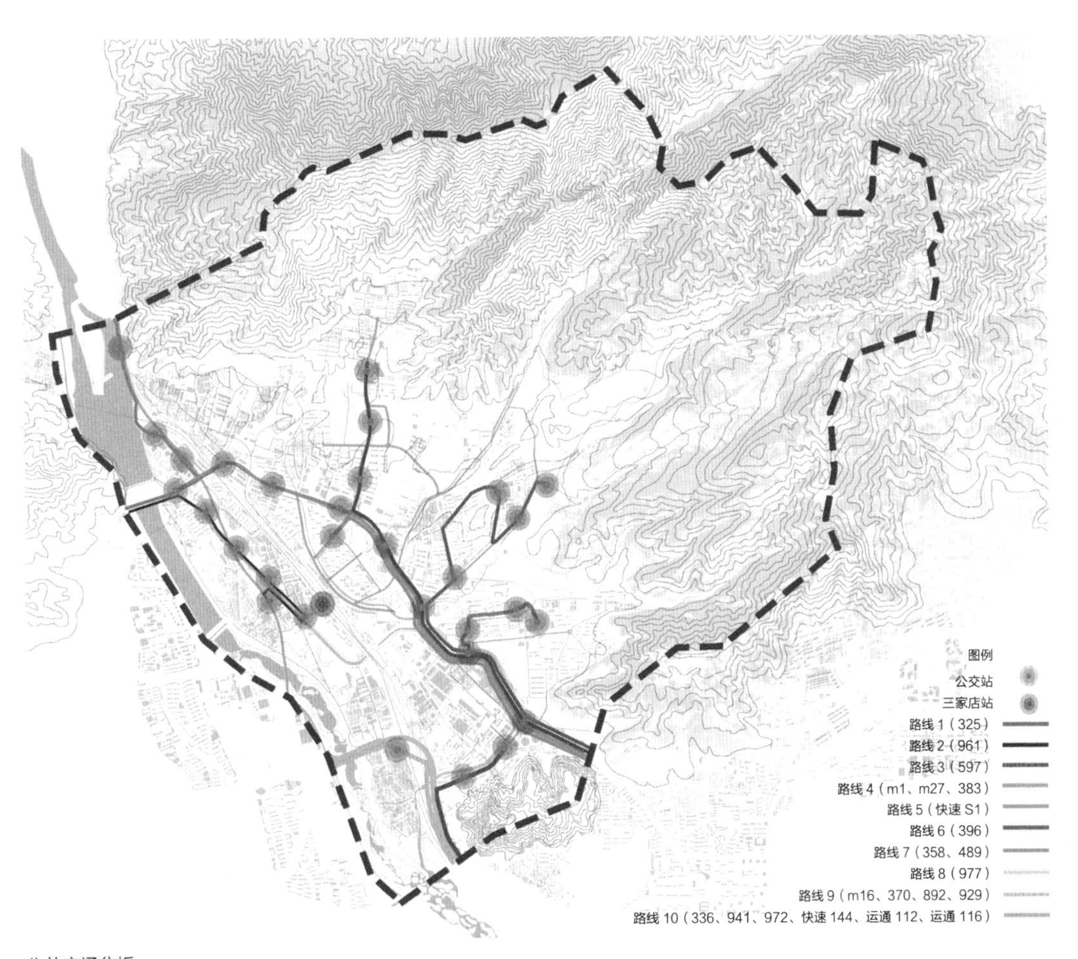

公共交通分析
Analysis of Public Transportation

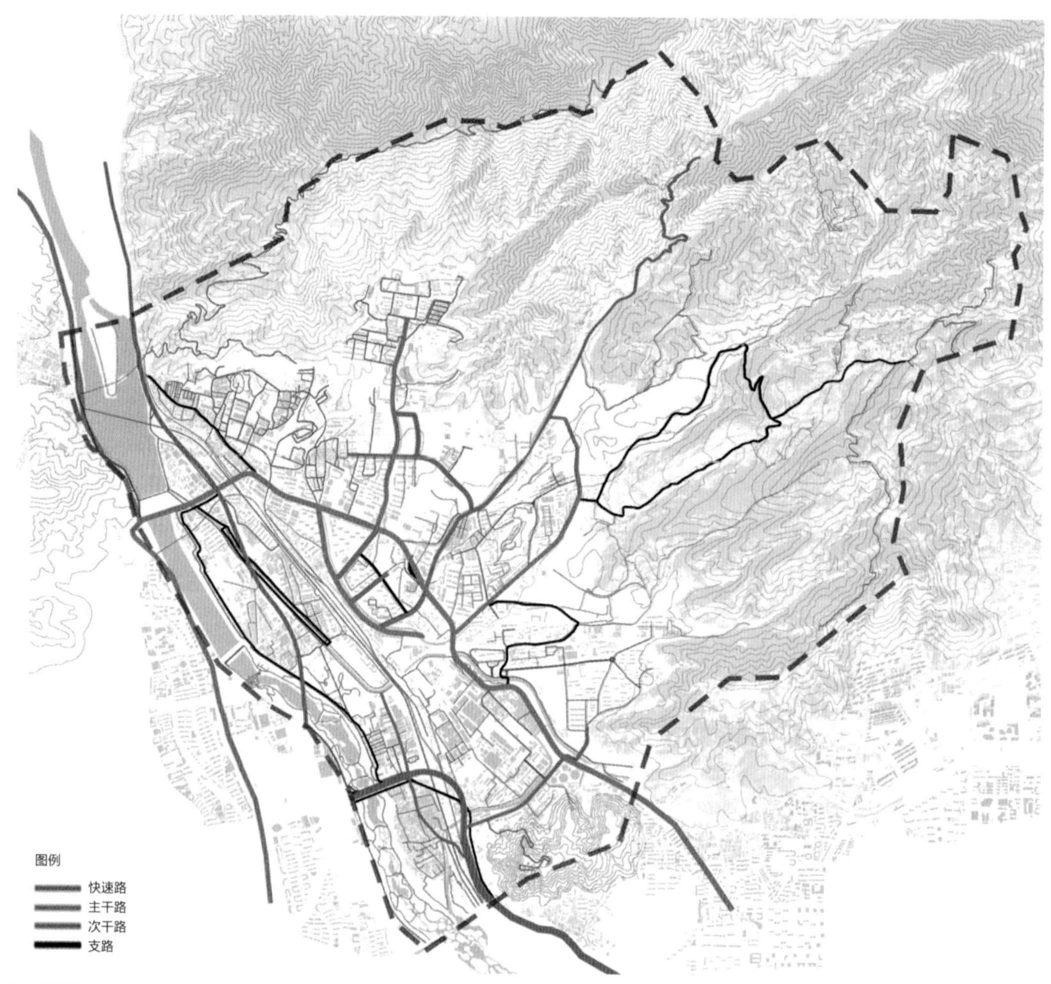

现状道路系统
Current Road System

城市道路概况表
Overview of Urban Roads

类别	数量	名称	宽度（m）	长度（m）
快速路	2	西六环路（三家店桥）	30	3880
		阜石路	24	2020
主干路	2	G109（石门路 + 水闸路）	24	5600
		石门南路（建设中）	40	—
		隆恩寺路	24	1811
		黑石头路	15	2442
次干路	6	潭峪路	24；6	1473；3660
		秀府南路	24	1300
		高井路	24	1050
		麻峪东街	6	907
		五里坨南街	6	678
		五里坨东街（接潭峪路）	6	544
		五里坨中街	6	416
		五里坨西街（接隆恩寺路）	6	544
支路	14	水闸南路	6	3100
		三家店新河路	18	2656
		新河西路	6；3	370；800
		三家店中街	6	1313
		油研所路	6	550
		黑陈路	6	5390
		石俯路	6	2285
		双峪路	24；5	600；957
		广宁路（阜石路下）	6	1274
		车站路	6	300

2. 道路连通性分析

道路连通性分析表明，城市快速路、主干路连通性仍然不足，导致行车不畅；次干路及支路没有形成网络，不能承担为主路分流的作用。并且由于规划范围内分布有一定量的军事用地，对于道路连通性也造成了一定的影响。

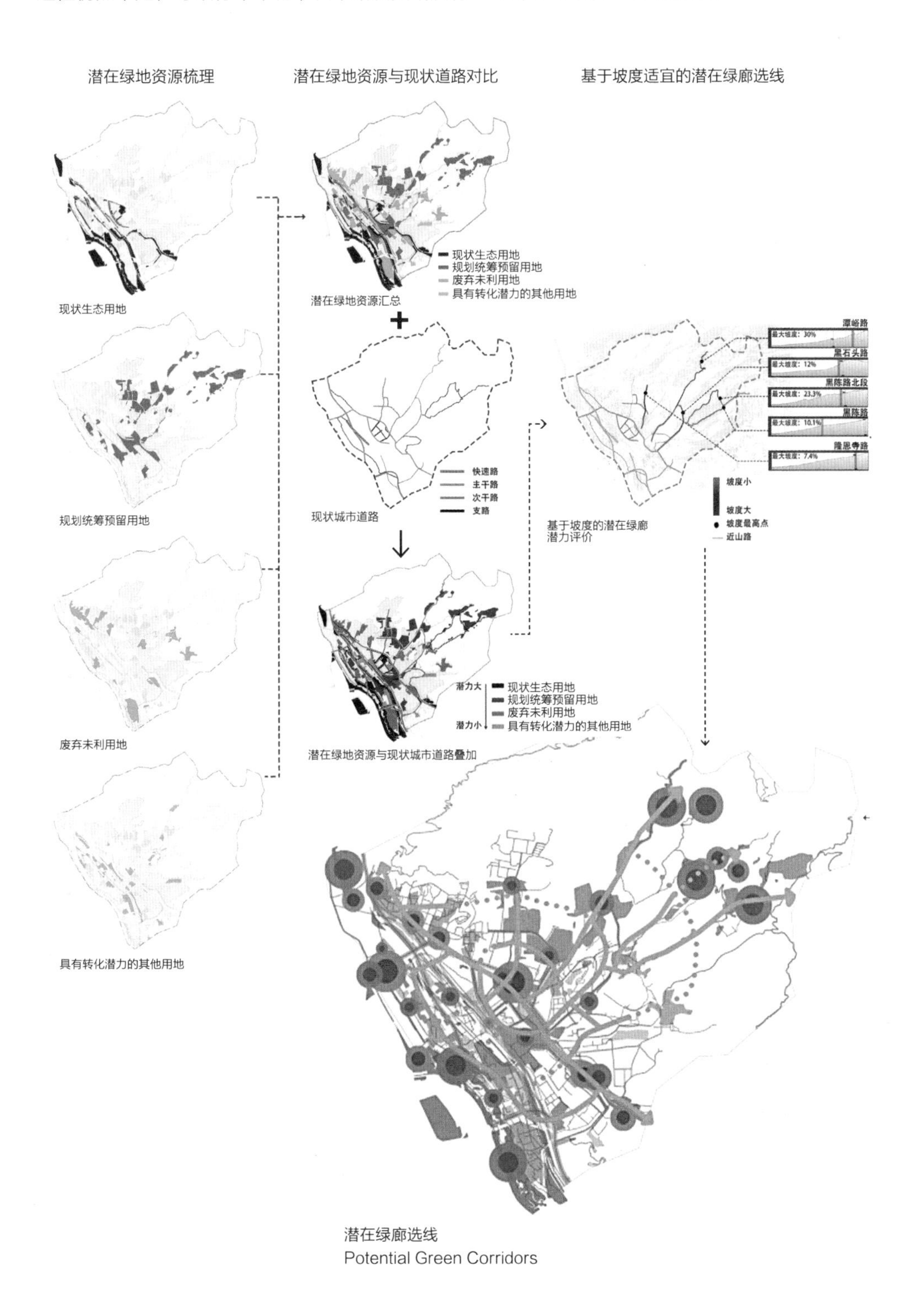

潜在绿廊选线
Potential Green Corridors

3. 铁路概况及历史

五里坨地区共有 4 条铁路。丰沙线承担了往返张家口的客运任务与晋煤外运的货运任务；京门线主要用于运输木城涧煤矿的产煤，在 2018 年煤矿停产后，京门线停运；西北环线曾经是京郊旅游线路之一，行车条件一般，如今主要由货运列车通行；规划范围还存在部分废弃铁路，大部分缺乏有效管理，周边环境质量较差，成为垃圾堆放地。

铁路概况
Railway Overview

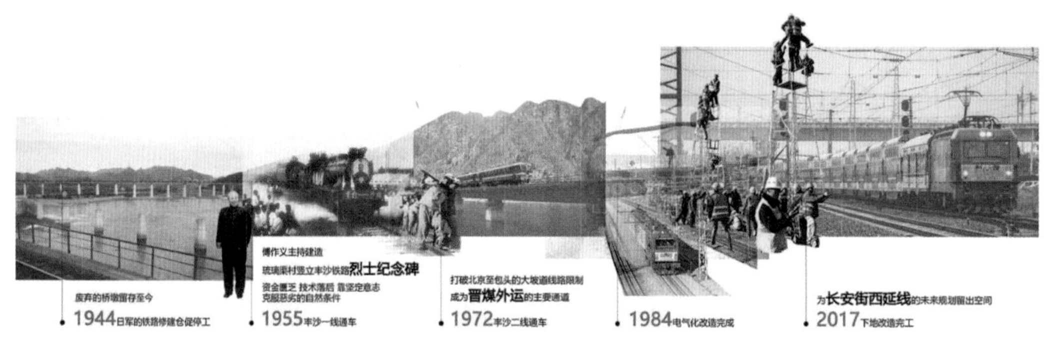

丰沙铁路历史
Fengsha Railway History

京门铁路历史
Jingmen Railway History

西北环线历史
Northwest Ring Railway History

4. 铁路安全性分析

通过对铁路沿线安全性的走访调研可见，铁路周边的警告标识数量较少，老旧破损、不显眼，对铁路周边的居民出行安全造成一定的威胁。

5. 铁路设施分析

铁路沿线的基础设施包括车站、检修车间、货运中心、火车头停放场等，主要集中分布在三家店站附近，目前仍在使用。

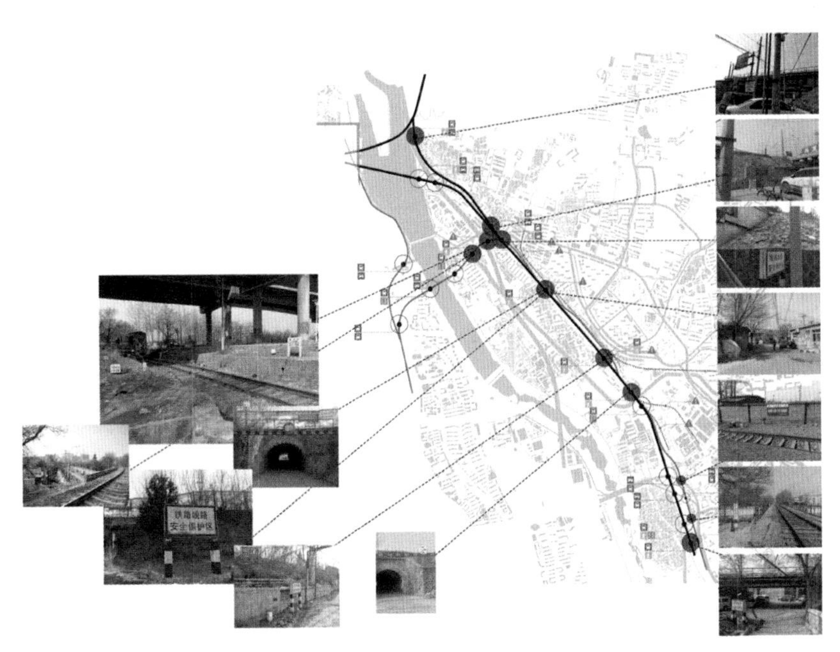

铁路安全性分析
Railway Safety Analysis

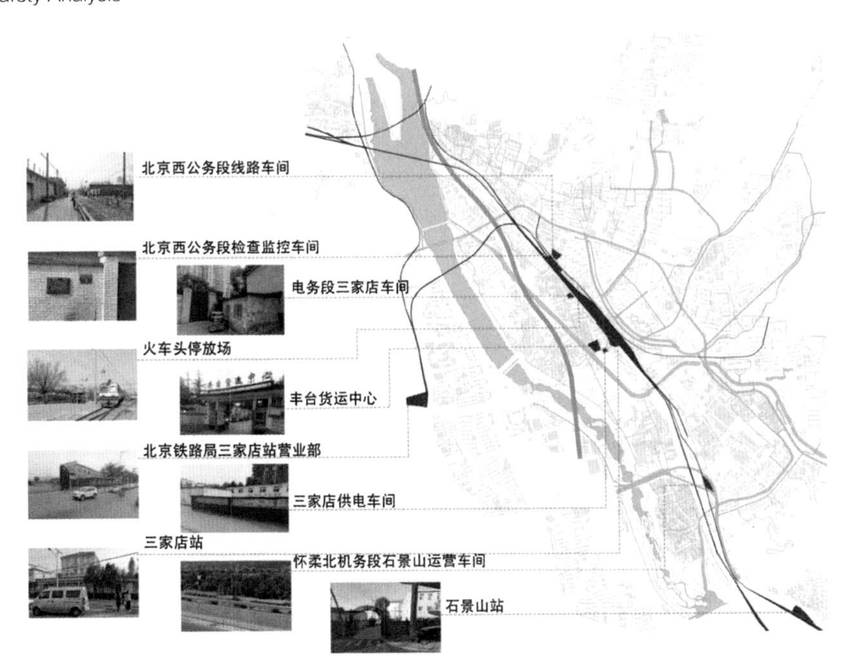

铁路设施分布
Distribution of Railway Infrastructure

6. 铁路与周边交通分析

场地内共有四条铁路，分别与道路、河流、步行道等相交，其交叉点的连接方式各不相同，包括上设高架、下穿涵洞等。其中废弃铁路长期未使用，铁轨两侧目前已演变为人行道路。

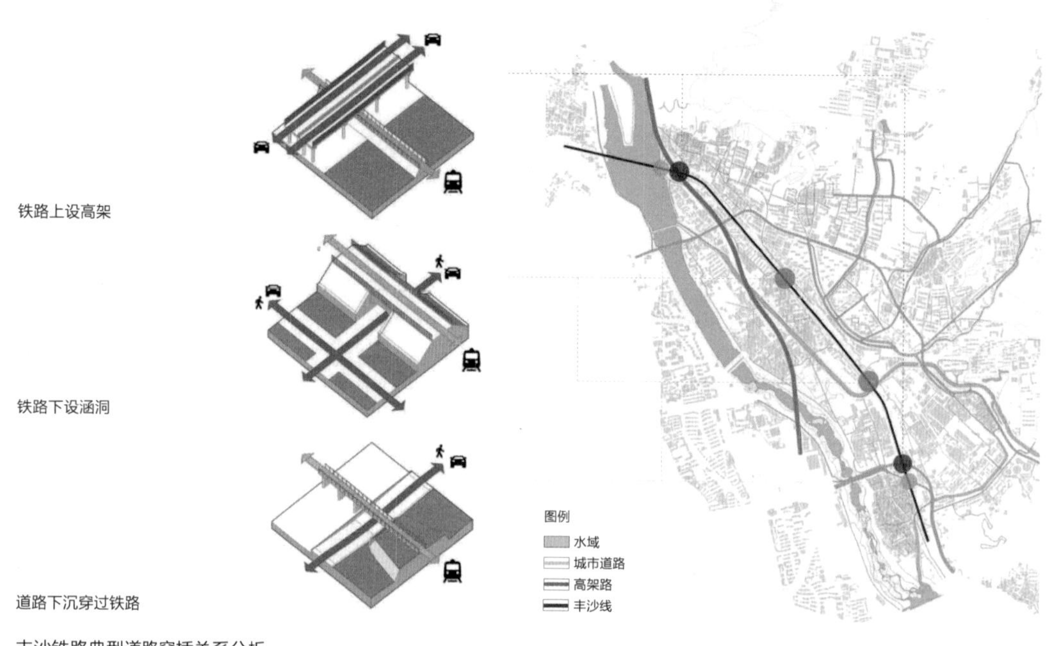

丰沙铁路典型道路穿插关系分析
Analysis of the Interpenetrating Relationship of Typical Roads in Fengsha Railway

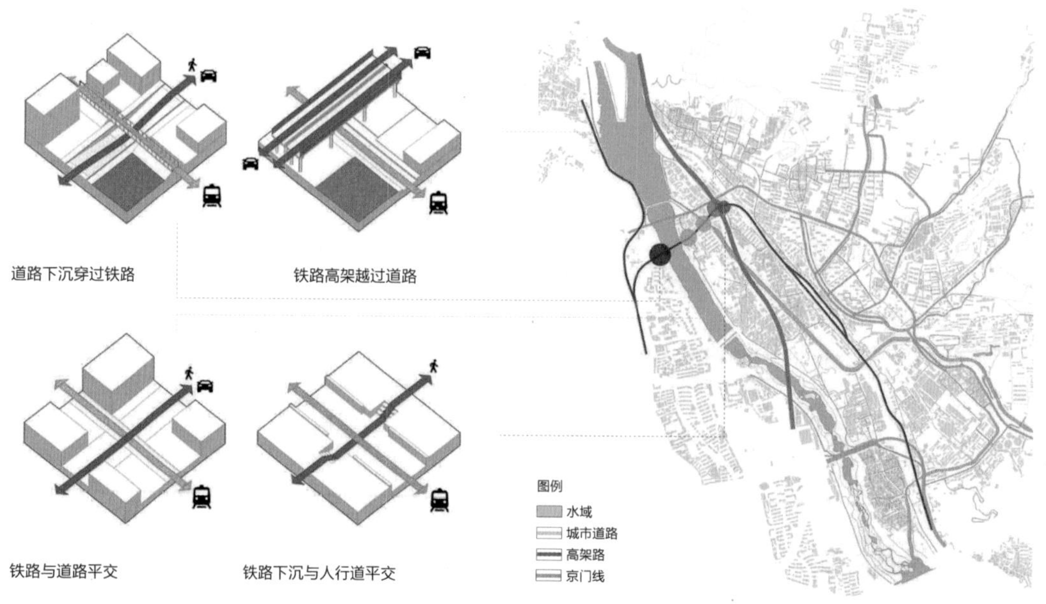

京门铁路典型道路穿插关系分析
Analysis of the Interpenetrating Relationship of Typical Roads in Jingmen Railway

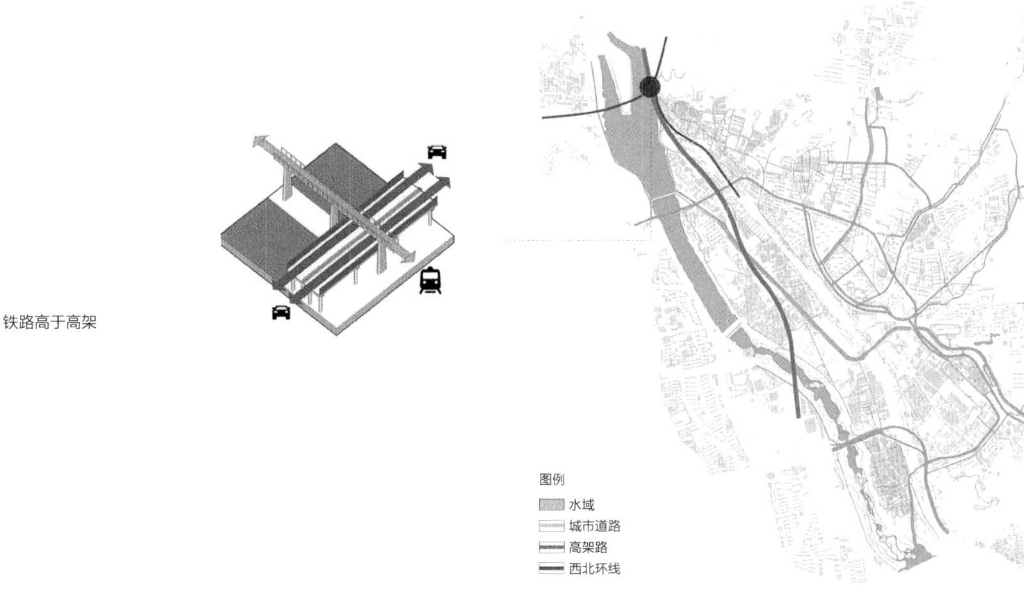

西北环线典型道路穿插关系分析
Analysis of the Interpenetrating Relationship of Typical Roads in Northwest Ring Railway

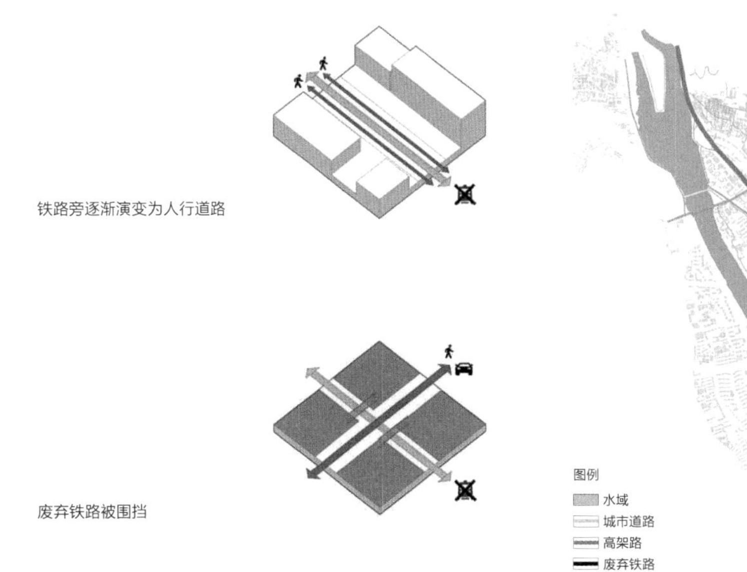

废弃铁路典型道路穿插关系分析
Analysis of the Interpenetrating Relationship of Typical Roads in Abandoned Railway

水文系统专题研究

Specialized Studies on Hydrology System

1. 永定河水系变迁

北京西山属太行山脉，地势由西北向东南逐级降低。其中海拔小于 800m 的地区称为小西山。东起百望山、香山南麓，南到模式口，西到军庄一大觉寺一线，北到温泉路。小西山实际上是北京永定河与温榆河的分水岭，山上的沟谷江水流入平原区，在山前地带形成许多与纵剖面方向一致的洪积扇。永定河古称灅水，隋代称桑干河，金代称卢沟，元、明代有浑河、小黄河等别称，其他名称还有许多，不一而足。到了清代才定名为永定河。

从古都北京起源和形成上看，永定河从上游携带的大量泥土和砂石，在出山后形成的洪积冲积扇，是北京城建城的地理基础，为北京提供了建城的空间和适宜耕种的土壤及直接或间接的水源。北京建城史与永定河息息相关。前期主要用于农田灌溉，后因泥沙淤积而无法用于漕运，遂采用各种工程手段治理。历代政府均在河床两岸进行了大规模的河道治理工程。其中有重大影响的有三国刘靖兴建车厢渠、元代郭守敬治理永定河、明代李庸修筑堤坝、清代康熙皇帝根治水患及中华人民共和国成立后修建各种水利设施等。城市发展也引起了永定河的水文变化，例如元代以来大规模的建筑和薪炭伐木、战争焚伐和纵火围猎，清代以来的筑堤束水，以及近代以来的工矿业污染等。

2. 水文整体布局

五里坨地区规划地块目前共有 7 条主要水系，其中，永定河为地区内最大水系，上游为三家店水库。与永定河平行分布的水系还有永定河引水渠、高井河、油库沟。发源于山区，呈东西流向的水系有隆恩寺沟、潭峪沟、黑石头沟、石府沟。

红线范围内主要的地表径流为黑石头沟、潭峪沟、石府沟及隆恩寺沟。隆恩寺沟及部分潭峪沟水量汇入油库沟。潭峪沟部分水量汇入黑石头沟。黑石头沟、石府沟、油库沟地表径流汇入高井河，同时汇入部分生活污水、热电厂冷却水、部分污水处理厂产生的中水。高井河汇入永定河。永定河分流于永定河引水渠。

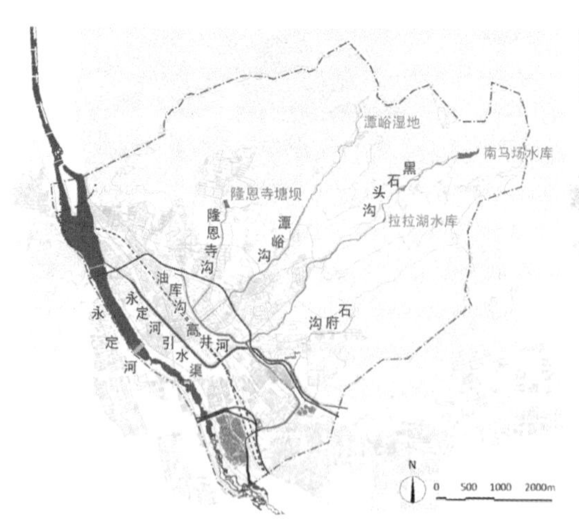

水系基本概况
Water System Basic Situation

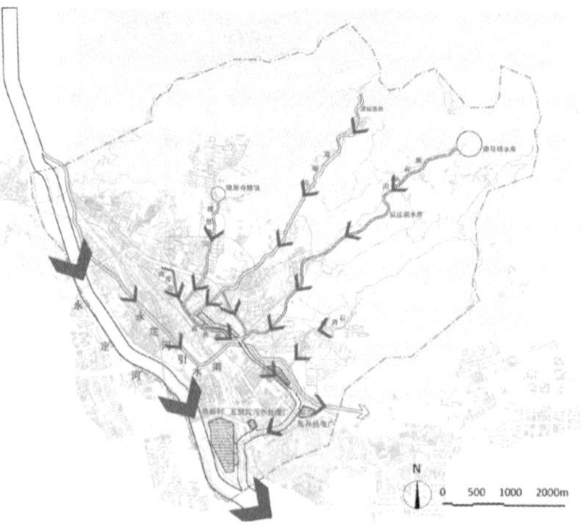

流向与流量
Flow Direction and Flow Discharge

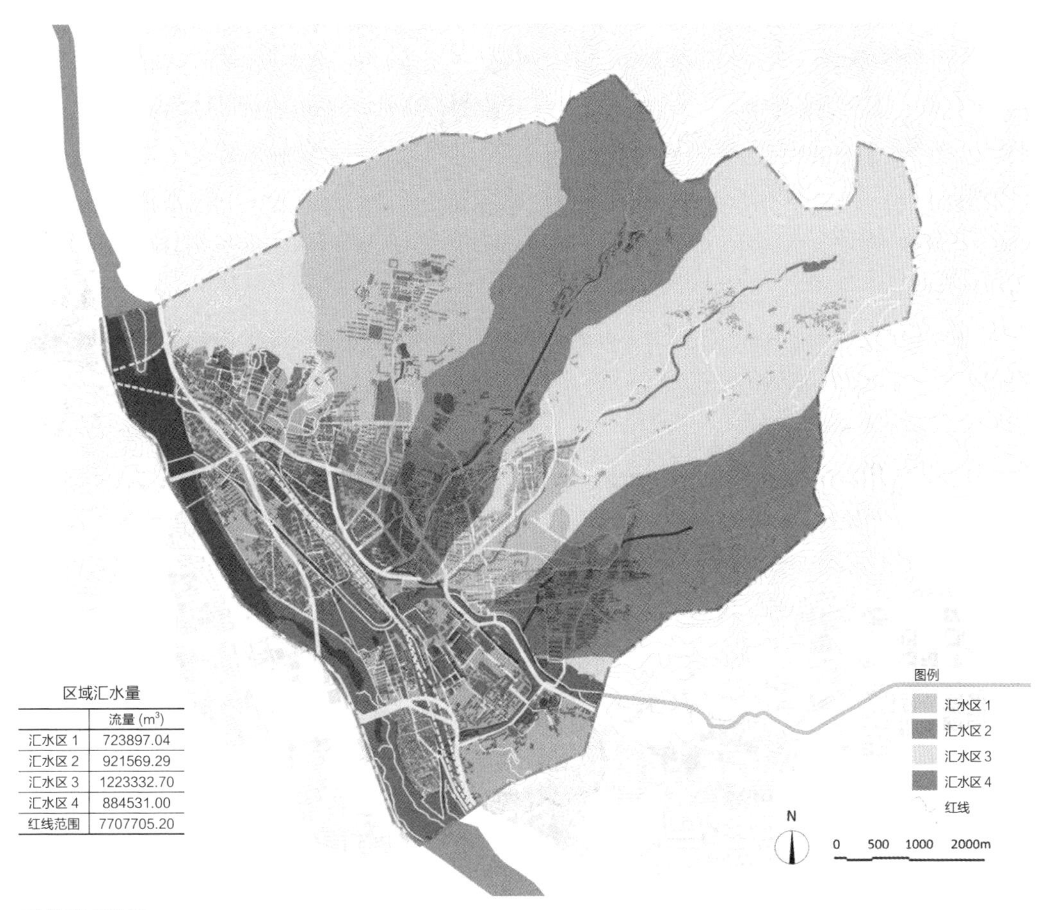

区域汇水量

	流量 (m^3)
汇水区 1	723897.04
汇水区 2	921569.29
汇水区 3	1223332.70
汇水区 4	884531.00
红线范围	7707705.20

区域汇水量计算
Regional Water Catchment Calculation

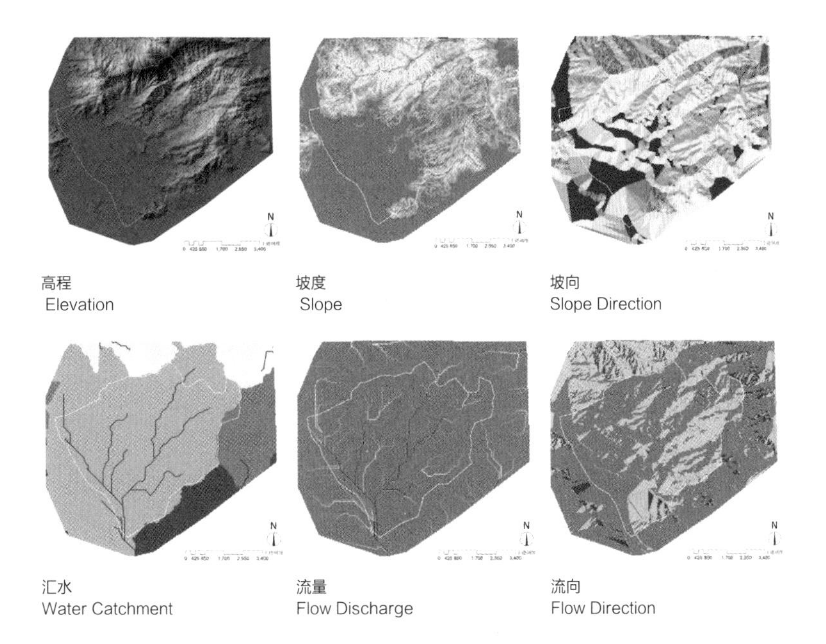

高程
Elevation

坡度
Slope

坡向
Slope Direction

汇水
Water Catchment

流量
Flow Discharge

流向
Flow Direction

基础数据分析
Basic Data Analysis

3. 永定河与周边的关系

在河流与道路交通的交接方式上，主要有以下三种模式：河道与道路平行，河道从桥梁下方垂直穿过，或是河道从道路下方穿过。

在河道雨水汇水方面，主要是由隆恩寺沟、潭峪沟、黑石头沟、石府沟汇入高井河，最终汇入永定河。其中，隆恩寺沟雨水井主要分布于沟的西侧、居住区支路与主路交叉口附近，依靠雨水管网排入隆恩寺沟；潭峪沟硬质化沟体段大部分通过雨水管排入沟内，自然沟休段则通过地表径流汇入沟内，有少部分雨水井；高井河河道两侧驳岸设有多处雨水口，约每 10 ~ 30m 设有一处，雨水地表径流可通过雨水口排入河道中；黑石头沟包括了软质的自然冲沟和有人工建造的水渠与蓄水池，黑石头沟汇集两侧雨水主要来源于居民区；石府沟两侧雨水汇集主要源于居民区和工厂且通过排水管道进入沟内；永定河引水渠与路面相交部分设有多处排水口，收集道路雨水。

河道周边的污染源主要分为生活污水和工业废水两部分。其中，隆恩寺沟、潭峪沟、黑石头沟、石府沟周边基本无工业用地，污水来源以生活污水为主，主要包括学校、住宅、饭店、宾馆的厨房、卫生间、浴室和洗衣房等生活设施中排放的水。这类污水的水质特点是含有较高的有机物，如淀粉、蛋白质、油脂等，以及氮、磷等无机物，此外，还含有病原微生物和较多的悬浮物。

高井河两侧分布有较多的工厂、居住区和学校，其污水来源主要有工业废水和生活污水两方面，其中工业废水主要源于发电厂、热电厂的生产工艺废水、循环冷却水、冲洗废水以及综合废水等，生活污水源于居住区、学校的废水。

4. 沟渠工程做法分析

场地内沟渠形式分为明渠和暗渠两种。其中明渠又分为自然式（9 个）与人工式（14 个）两种。

人工式明渠做法应用较为普遍，主要集中于隆恩寺沟、潭峪沟南段、黑石头南段、石俯沟以及永定河引水渠和高井河。其中，硬质冲沟做法以毛石驳岸或混凝土驳岸为主，局部设有石笼或生态护坡。

自然式明渠主要集中于潭峪沟、黑石头沟靠近山区的部分，其中，潭峪沟自然沟体以土沟为主，沟内生长有较为丰富的乔灌草植被，长势良好；黑石头沟自然沟体以山石沟为主，沟内原生地被植物生长茂盛。

场地人工暗渠主要分布于隆恩寺沟中段、潭峪沟南段、黑石头沟北段、石府沟部分区段。

5. 分河道介绍

隆恩寺沟位于五里坨地区西部，是五里坨地区重要的防洪排水河道之一，起点为隆恩寺塘坝，由北向南接入现状京拉线雨水暗沟，最终汇入油库沟。

潭峪沟发源于五里坨北部山区，向西南流经京拉线，京拉线以南分为两段，分别汇入油库沟与黑石头沟，为西部山区主要的防洪排水河道。曾采用的治理方法为将原有的“直墙浆砌石 + 土断面”改造为“毛石 + 石笼 + 生态护坡”等做法结合的驳岸。

高井河属永定河支流，发源于五里坨北部山区，向西南过京拉线，继而向东南，经高井村向西过丰沙铁路，最终于麻峪村南汇入永定河。主要承担西北部山区排洪及流域范围内的雨水排除任务，同时还承担着高井电厂、沿线建设区及下游麻峪村地区的防洪任务。

黑石头沟发源于五里坨北部南马场地区，上游称马场沟，过马场水库后称黑石头沟，是五里坨地区一条重要的防洪排水兼景观河道。

永定河引水渠是北京市最早修建的第一条引水工程，干渠总长 26km。水源主要依赖三家店水库，为人工调控的季节性河流，是北京市饮用水源。渠首起于永定河出山口的三家店拦河闸上游左岸，东南与南旱河故道相接。

石府沟位于五里坨地区西部石府村，向西南汇入高井河。东西走向，东临石俯路，西面靠近荒地，冲沟南侧持续分布有工厂，无明显特征变化，承担的主要功能为防洪排水。

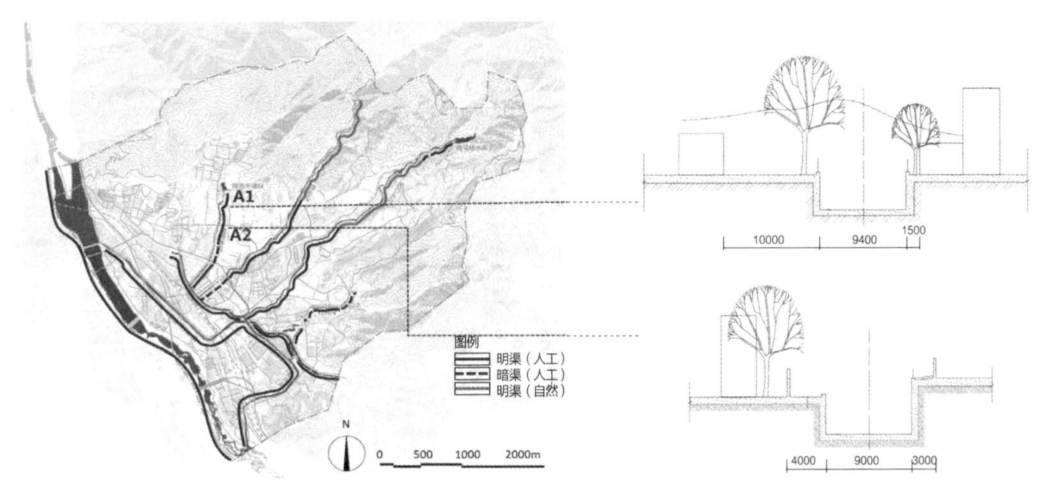

隆恩寺沟驳岸典型断面
Typical Section of the Longensi Canal Bank

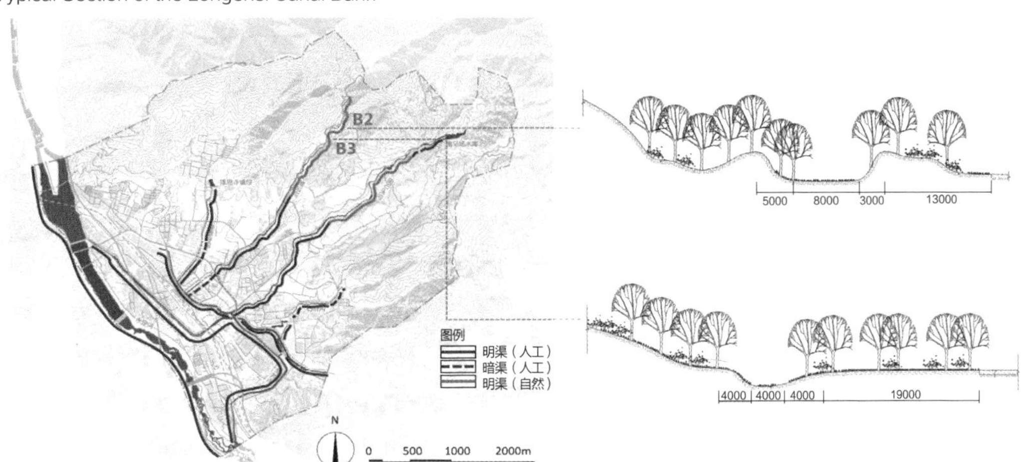

潭峪沟驳岸典型断面 1
Typical Section of Tanyu Canal Bank 1

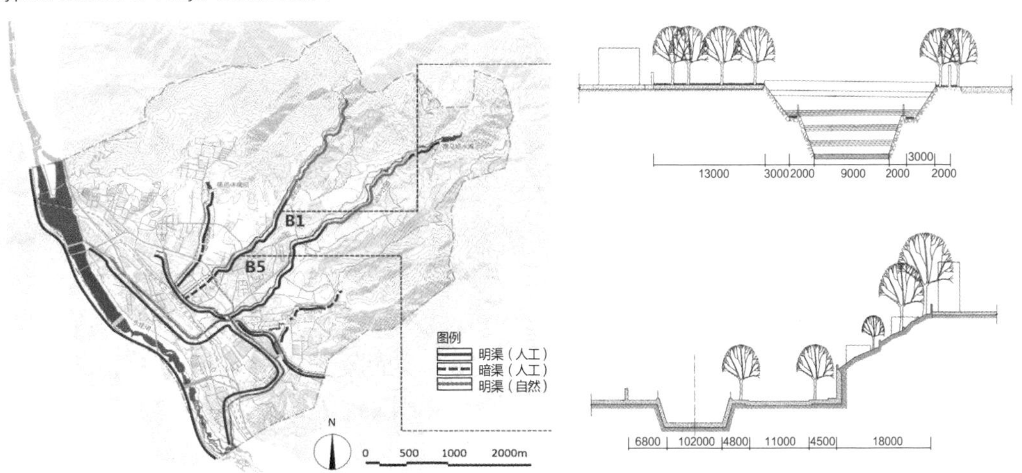

潭峪沟驳岸典型断面 2
Typical Section of Tanyu Canal Bank 2

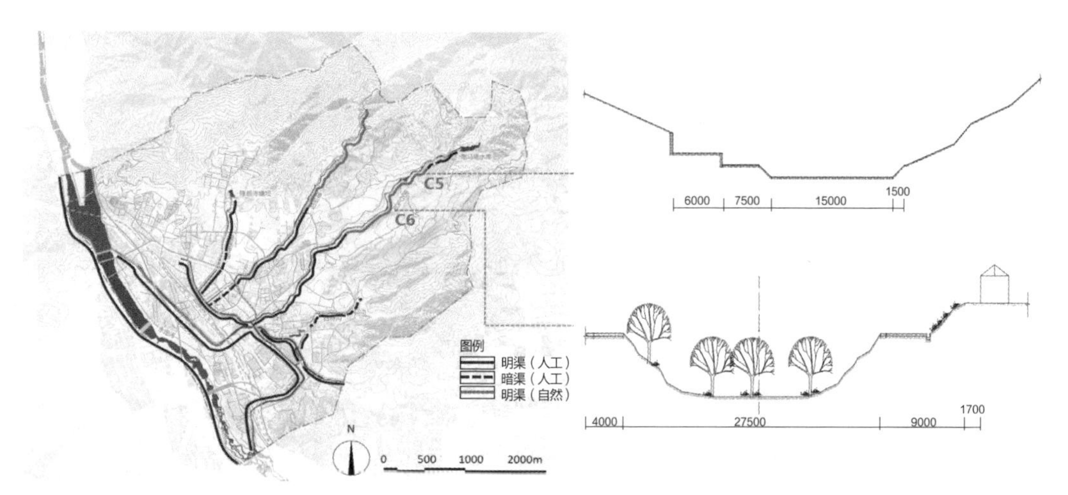

黑石头沟驳岸典型断面 1
Typical Section of Heishitou Canal Bank 1

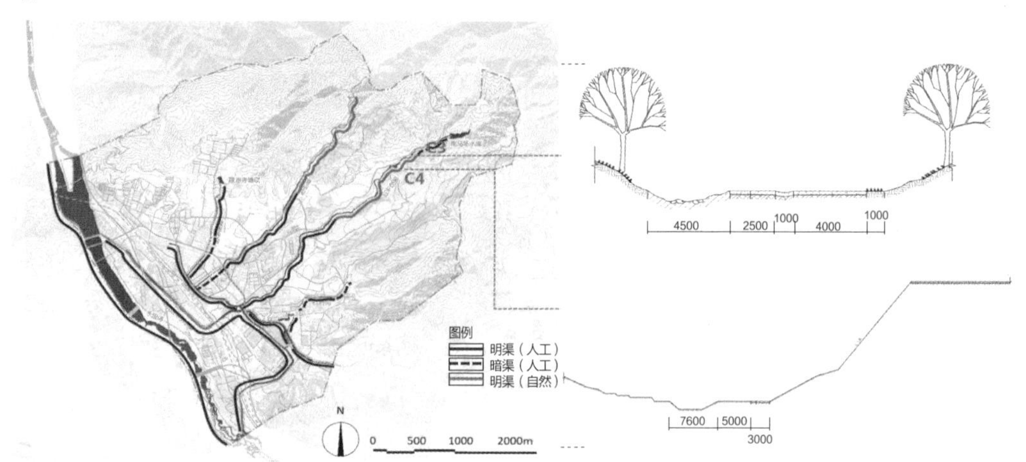

黑石头沟驳岸典型断面 2
Typical Section of Heishitou Canal Bank 2

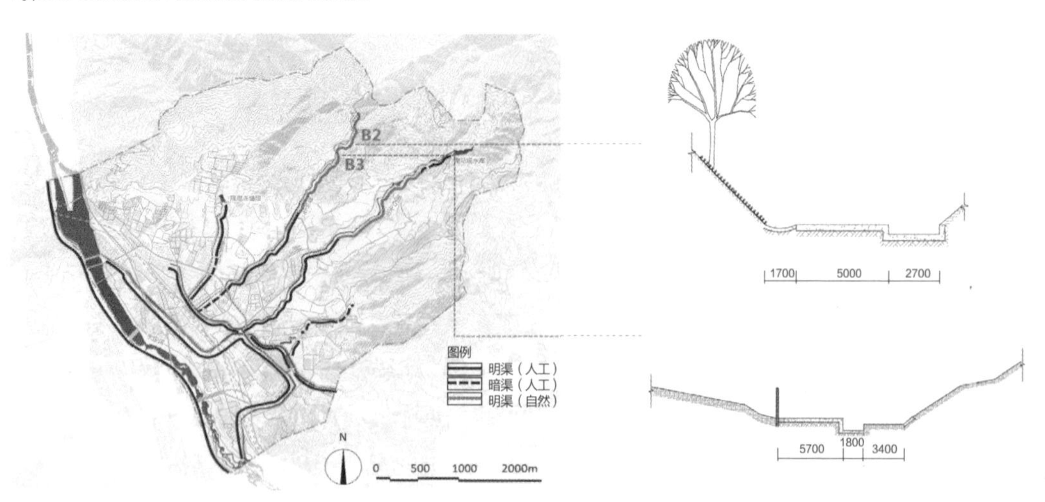

黑石头沟驳岸典型断面 3
Typical Section of Heishitou Canal Bank 3

隆恩寺沟
Longensi Canal

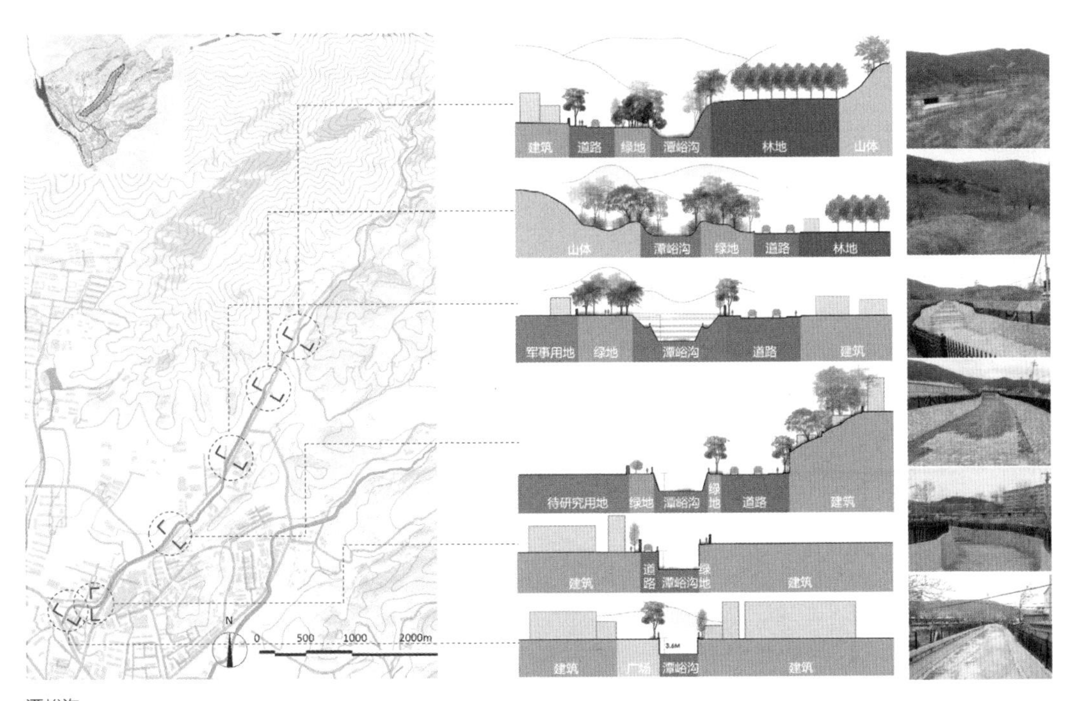

潭峪沟
Tanyu Canal

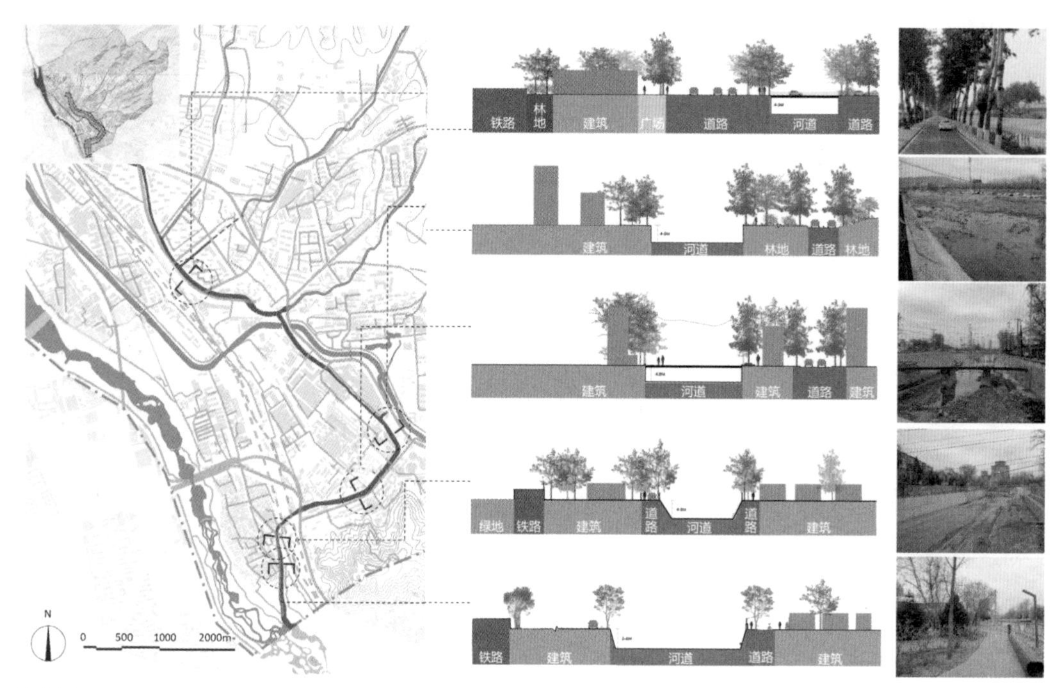

高井河
Gaojing River

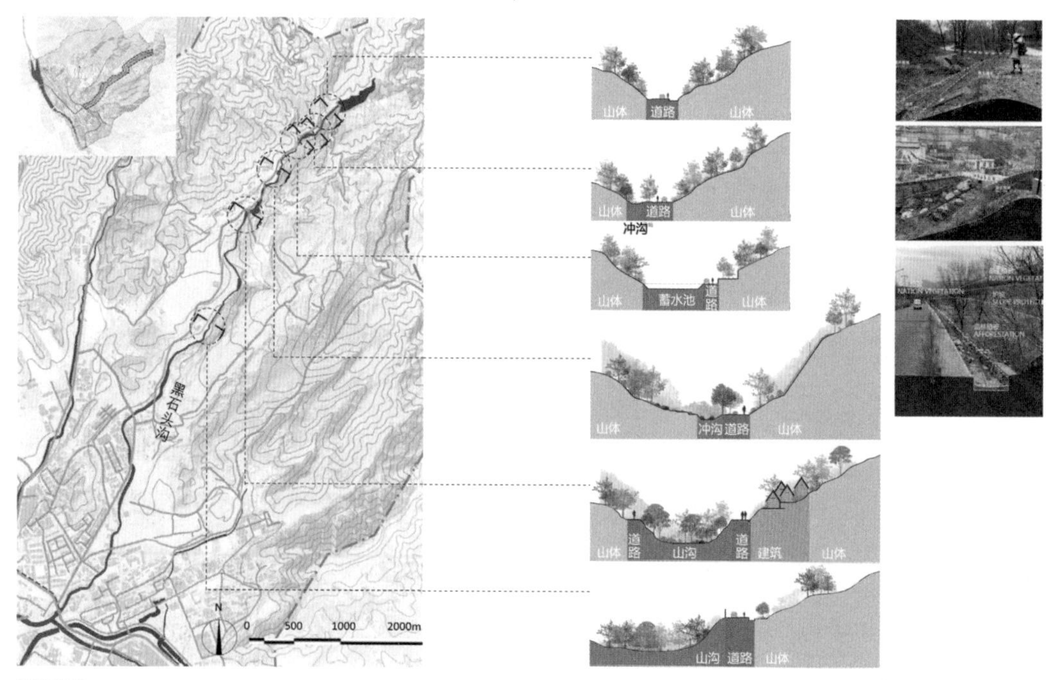

黑石头沟
Heishitou Canal

永定河引水渠
Yongding River Diversion Canal

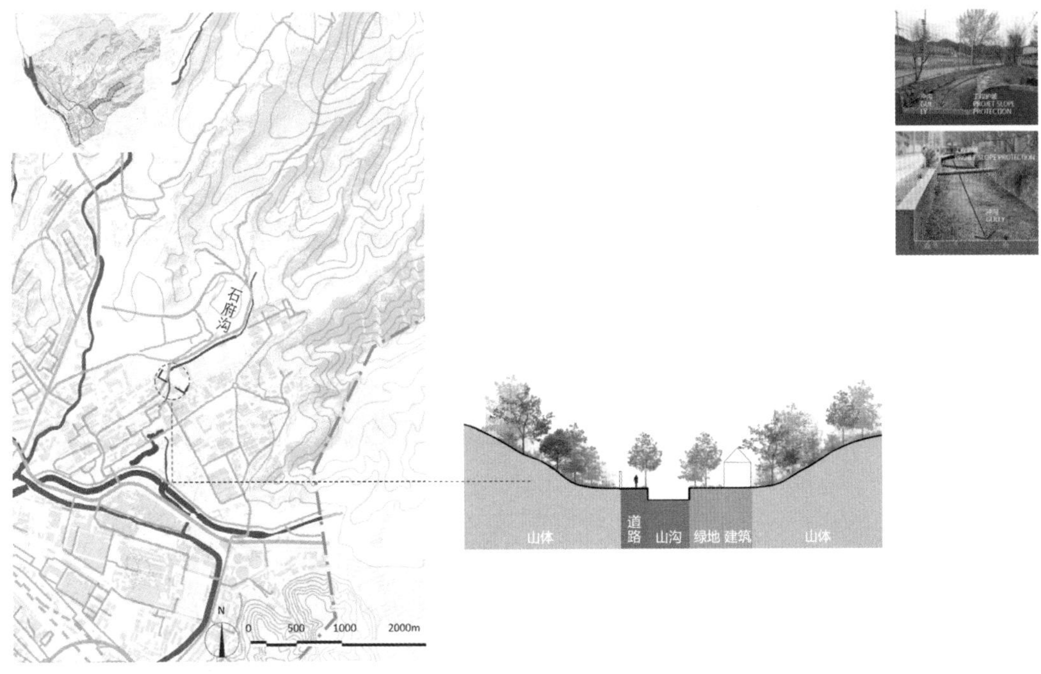

石府沟
Shifu Canal

绿地系统与植被专题研究

Specialized Studies on Green Spaces

1. 规划解读

北京新的城市总体规划中明确指出要重点建设好第一道绿化隔离地区城市公园环和第二道绿化隔离地区郊野公园环，提高绿地生态功能和休闲服务功能。大力推进郊野公园建设，形成以郊野公园和生态农业用地为主体的环状绿化带，加强九条楔形绿色廊道植树造林。五里坨地区正是楔形绿色廊道的重要组成部分。

2. 五里坨地区自然地理状况

规划地段大部分处于浅山区，其中东北部山地集中，最高点高程约为 780m, 场地内高差约为 750m。坡度多在 15° 以下，北部山地范围大而陡，坡度多在 25° ~ 56° 。北部山区山脚及北部城区植被覆盖度较高，山区大部分区域现状植被覆盖度较低，多为裸地。整体呈现地势东高西低、坡度城缓山陡、植被山裸城荫的态势。

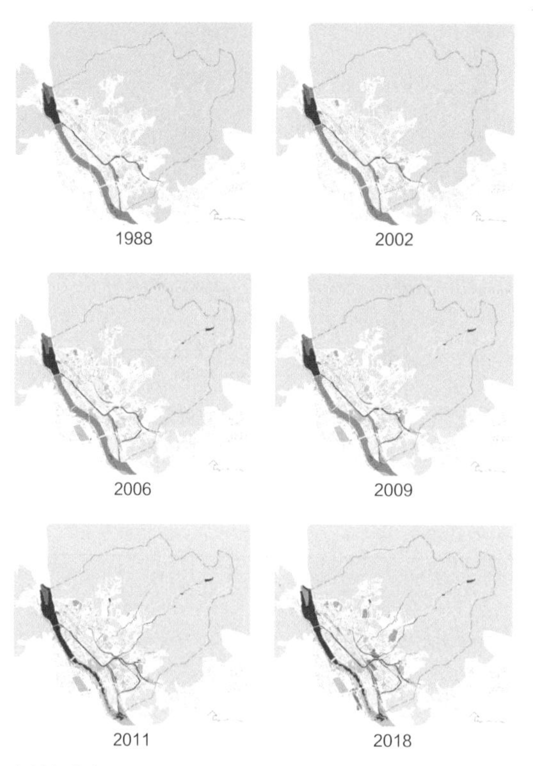

绿地年代变迁

Historical Change of Green Space

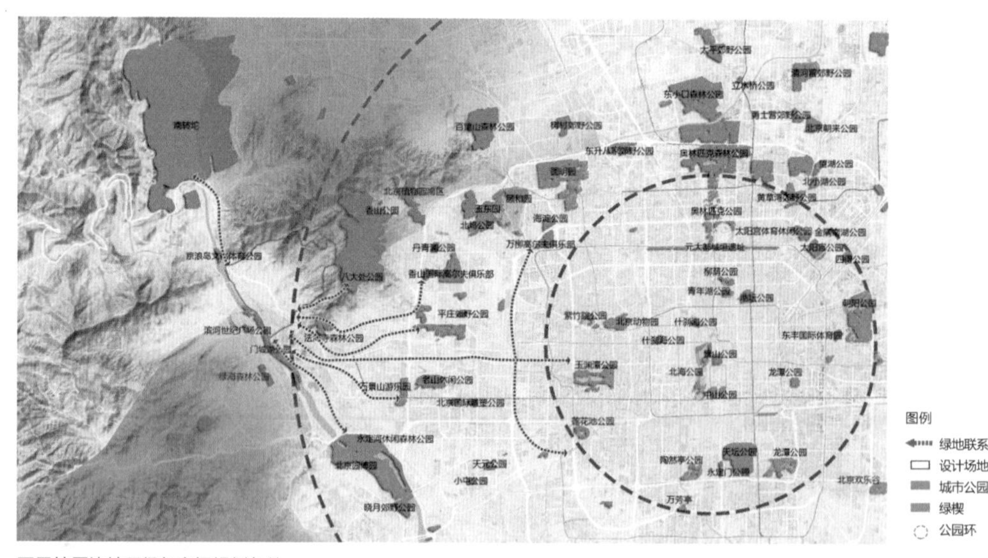

五里坨周边地区绿色空间规划条件

Green Space Planning Conditions of Wulituo Surrounding Area

3. 现状绿地分布

五里坨城区的现状绿地主要集中于永定河两岸与铁道两侧，其他绿地多呈点状散布。按照与周边用地性质的关系，可将五里坨的绿地划分为三类：

一是沿永定河两岸分布的滨水绿地；二是散布在城市之中的绿地；三是山林地。山林地沿山脊线与水流的方向向城市延伸，并在城区外围形成了一系列绿地。而其他的绿地则以点状的形式分散于城区间，相互之间缺少联系。

（1）公园绿地：五里坨地区的公园主要有永定河公园、福亭公园、福鼎公园、青山公园、新河带状公园和京浪岛文化体育公园。

（2）防护绿地：五里坨地区现状防护绿地主要位于铁路两侧，在部分滨水或交通汇聚的区域也有分布。

（3）广场用地：五里坨地区现状的广场用地面积较小，分布于交通路口处或是建筑前，以集散功能为主，休憩设施少，也缺少供市民活动的空间。

（4）附属绿地：附属绿地分散于城区各类型用地之间，较为破碎，面积较大的几块附属绿地均位于军区，普通居民无法到达，缺少能为居民提供休憩空间的场所。

（5）农林用地：此外，在规划地段内，山林地占据了很大的一部分，既有以阔叶混交林和针叶林为主的区域，也有部分经济林。

现状各类绿地
Existing Green Space

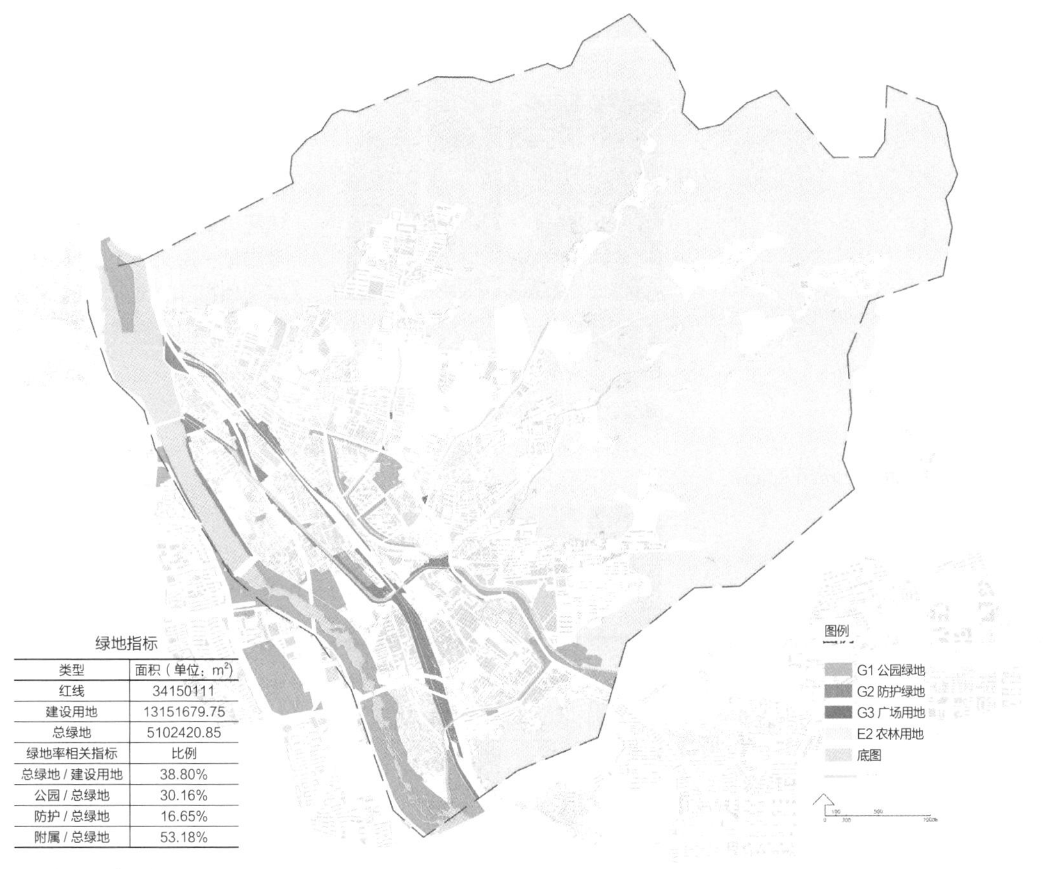

绿地指标

类型	面积（单位：m²）
红线	34150111
建设用地	13151679.75
总绿地	5102420.85
绿地率相关指标	比例
总绿地 / 建设用地	38.80%
公园 / 总绿地	30.16%
防护 / 总绿地	16.65%
附属 / 总绿地	53.18%

现状各类绿地分布
Existing Green Space Distribution

4. 五里坨地区现状植被

这里总体植被覆盖度呈现山裸城荫的趋势。城市中公园绿地植被长势良好，搭配丰富；防护绿地植物层次简单，花灌木较少；附属绿地植被搭配简单，树种较少；荒地植物杂乱，有很多自然生长的榆树。山上多为低矮灌木覆盖，杂草丛生，土壤比较贫瘠。

五里坨地区常见树种包括常绿乔木：油松、白皮松、华山松、桧柏、西安刺柏、雪松、云杉；落叶乔木：银杏、栾树、合欢；常绿灌木：沙地柏、铺地柏、大叶黄杨、小叶黄杨、女贞；落叶灌木：紫叶李、黄刺玫、棣棠等。

5. 五里坨地区动物生境

五里坨地区属于小西山山脉，生态系统活跃性高，自然风貌独具特色。每年春秋迁徙之际，望京楼—百望山—八大处一线构成了猛禽的主要迁飞通道。此外，该区还分布有黄鼬、啮齿类等小型哺乳动物与青蛙等两栖动物及部分蛇类爬行动物，主要分布在山林田野与山中水源附近。根据实地调研及文献调查，将其生境主要分为以下类型：

（1）针叶林和针阔混交林：主要以大斑啄木鸟、北红尾鸲、极北柳莺、大山雀、银喉长尾山雀、红嘴蓝鹊、大嘴乌鸦等森林鸟类为主；

（2）灌丛草地：主要以环颈雉、山噪鹛、棕头鸦雀、三道眉草鹀、小鹀等为主；

（3）永定河周边湿地：主要以小鸊鷉、白鹭、普通翠鸟等为主；

（4）居民区周边：主要以家燕、喜鹊、麻雀等伴人鸟种为主。

五里坨地区的现状生境呈斑块状破碎，不利于鸟类与其他小型哺乳动物的连续活动；植物群落层次单一，难以满足鸟类筑巢、觅食、移动等多种类型的活动需求以及不同的生活需要，多样性较低；西山地区溪流较少，夏季繁殖鸟类饮水条件不足，两栖类动物生活空间有限；而永定河驳岸植被较单一，新河硬驳岸与人行道设置不利于鸟类活动。因此在后期规划中需要适地适树，提高群落水平、垂直多样性，丰富种植层次，营造适合不同动物的生境与生物迁移廊道。

滨水防护绿地
Waterfront Protection Green Space

· 滨河植物群落 1
雪松—大叶黄杨—鸢尾
· 滨河植物群落 2
国槐—山桃—土麦冬
· 滨河植物群落 3
毛白杨—海棠—萱草
· 滨河植物群落 4
侧柏—连翘—铺地柏

滨水公园绿地
Waterfront Park Greenland

· 滨河植物群落 5
旱柳—大叶黄杨—景天
· 滨河植物群落 6
银杏—紫叶李—紫花地丁
· 滨河植物群落 7
毛白杨—红瑞木—萱草
· 滨河植物群落 8
榆树—连翘—铺地柏

· 城市植物群落 1
油松—大叶黄杨—鸢尾
· 城市植物群落 2
银杏—紫叶李—土麦冬
· 城市植物群落 3
白蜡—棣棠—萱草
· 城市植物群落 4
国槐—樱花—铺地柏

城市防护绿地
Urban Protective Green Space

· 城市植物群落 5
马尾松—连翘—鸢尾
· 城市植物群落 6
泡桐—紫叶李—土麦冬
· 城市植物群落 7
白蜡—丁香—萱草
· 城市植物群落 8
国槐—海棠—铺地柏

城市公园绿地
City Park Green Space

· 阴坡植物群落 1
刺槐—黄栌—苔草
· 阴坡植物群落 2
油松—山桃—隐子草
· 阴坡植物群落 3
毛白杨—荆条—野牛草
· 阴坡植物群落 4
侧柏—溲疏—白草

山林—侧柏混交林
Platycladus Orientalis Mixed Forest

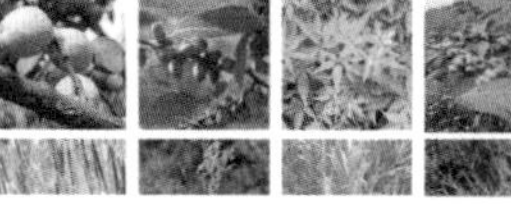

· 混交林群落 1
油松—山杏—苔草
· 混交林群落 2
刺槐—君迁子—隐子草
· 混交林群落 3
臭椿—绣线菊—野牛草
· 混交林群落 4
侧柏—扁担木—白草

山林—阔叶混交林
Broad-Leaved Mixed Forest

历史文化专题研究

Specialized Studies on History and Culture

1. 五里坨地区历史文化资源

五里坨地区处于西山永定河文化带，文化遗产和风景名胜资源点众多。同时五里坨地区也是文化遗产线路京西古道的重要组成部分，担负着北京内外交通、物产交换、宗教活动和军事防御的功能，是京西商贸历史的见证。

五里坨地区北部属于小西山山区，这里自古以来便是皇家园林和寺观的兴盛之地。在五里坨地区内共分布有五座古寺庙以及一条古香道。人们可以在自然中凭吊古迹、进香祈福。

北京新总规在历史文化保护方面对五里坨地区的要求为：加强琉璃河等大遗址保护，修复永定河生态功能，恢复重要文化景观，整理商道、香道、铁路等历史古道，形成文化线路。

2. 五里坨地区自然村分布

五里坨地区保留着较多自然村庄，这些村落西起永定河东岸，自西向东，由高而低，沿着三条相对平行的曲线分布。

（1）南线——农业带：沿永定河东岸分布，村旁是永定河冲积形成的沃土良田，有河水灌溉之利。村民多种粮种菜。

（2）中线——商业带：属于京西古道，是京城与西部山区及通往河北省、山西省和塞北的重要通道。这些村庄村民的生计也多与这条要道密切相关，如养骆驼、赶大车、饭馆、药铺、旅店、理发、照相以及修车、开采磨石等，有的兼种地，纯庄稼户不多。

（3）北线——风水带：沿石景山北部山麓分布，是历史上修建寺庙和皇室贵胄安坟立墓的风水之地。村庄多由看坟人家繁衍而成，村民除耕种田地，还利用山坡牧羊养牛、开采山石。

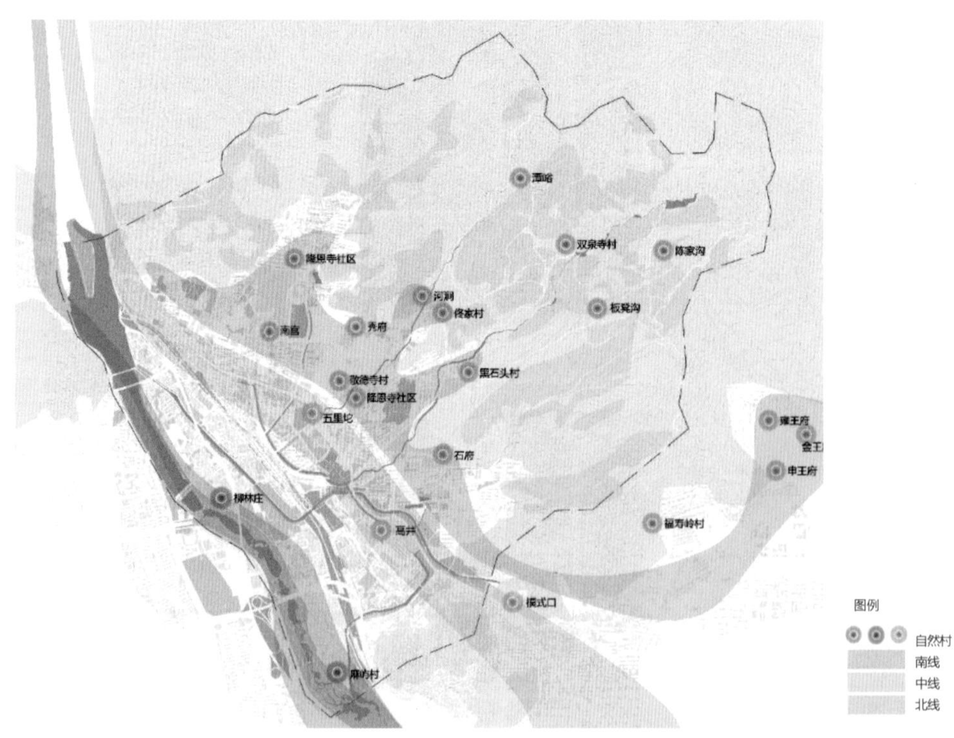

自然村分布

Natural Village Distribution

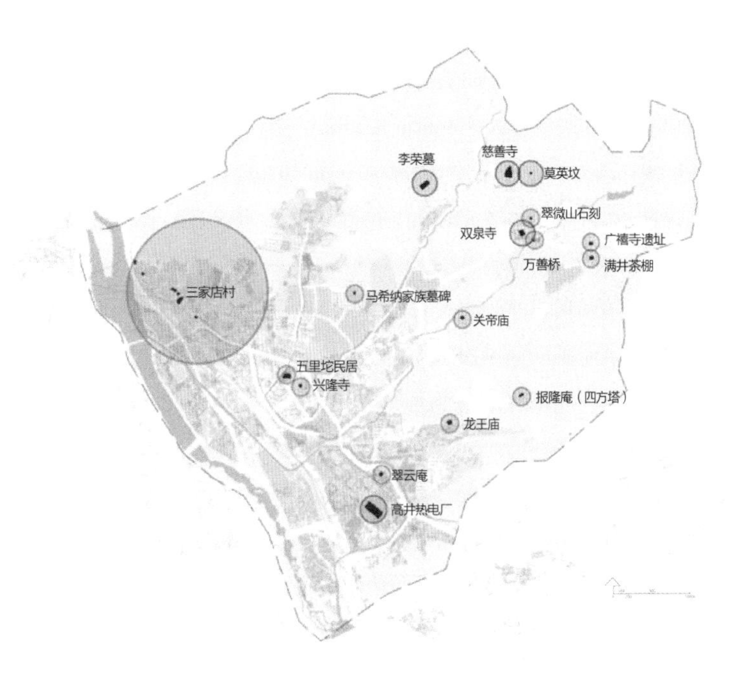

文物古迹分布
Historical Relics and Historic Sit

文物古迹现状
The Current Situation of Historical Relics and Historic Sites

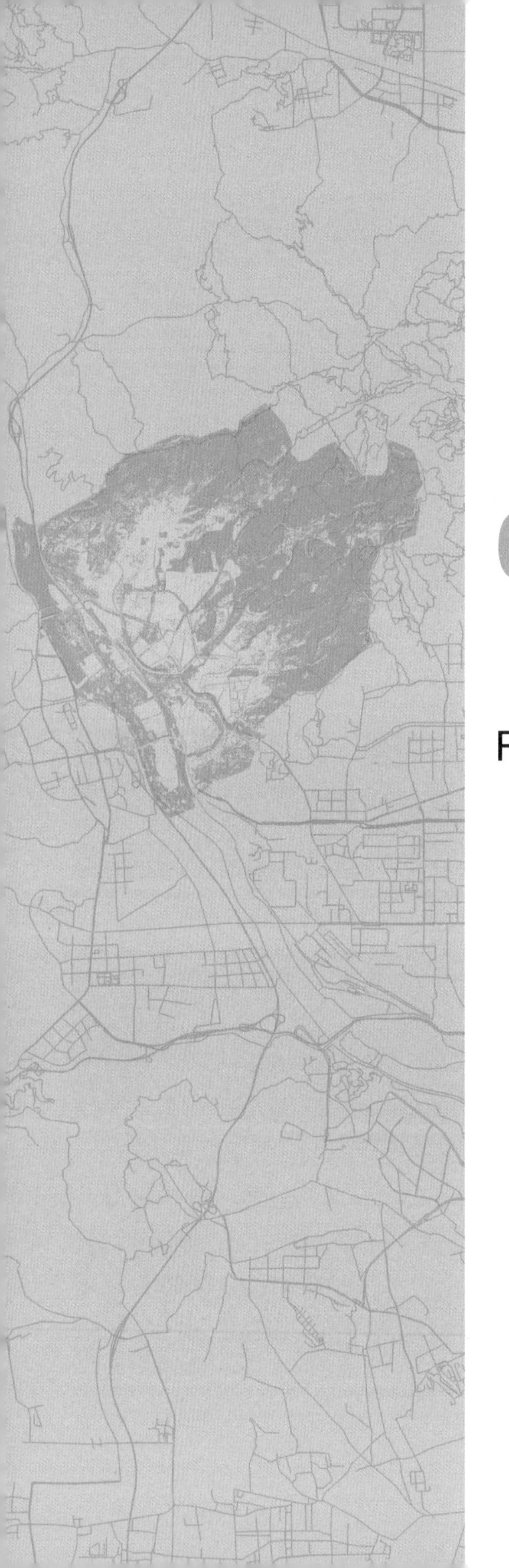

03 绿色空间规划研究

RESEARCH ON GREEN SPACE PLANNING

系列专题研究，对五里坨地区现状绿色空间发展建设中存在的问题提出了深入的认识。规划场地具有良好的自然环境基础，东侧大面积的山林地为绿色空间的建设提供了坚实的基础。除此之外，规划场地既分布有大量的古代历史文化遗存，同时又有近代工业文明的印记，为后续的规划提供了更加多元化的视角。

与此同时，商业用地的匮乏与市政配套设施的落后限制了该地区的发展，大面积的特殊用地也增加了五里坨地区改造更新的难度；其次，现状交通条件较差，规划范围内道路连通性不高，存在较多断头路，对人们日常出行造成极大的困难；同时，场地内虽然分布有大量水系，但大多数常年无水或水质较差，如何合理地调配场地内的水资源、改善水质，也是规划面临的挑战之一。

课题组共完成 8 个规划方案，本书选择了具有代表性的 3 个方案，它们分别从不同的角度开展了深入的研究，最终构建起各自的绿色空间网络。

A series of special topic studies have put forward in-depth understanding of the existing problems in the green space development and construction in wulituo area. The planning site has a good natural environment foundation, and the large area of forest in the East provides a solid foundation for the construction of green space. In addition, the planning site has a large number of ancient historical and cultural relics, and also has many heritages of modern industrial civilization, which provide a more diversified perspective for the follow-up planning.

At the same time, the lack of commercial land and the backwardness of municipal facilities restrict the development of this area, and the large area of special land also increases the difficulty of renovation and renewal of wulituo area; secondly, the current traffic conditions are poor, the connectivity of roads within the planning scope is not high, and there are many broken roads, which cause great difficulties for people's daily travelling. At the same time, although there are a large number of water systems, most of them have no water or poor water quality all the year round. How to reasonably allocate the water resources in the site and improve the water quality is also one of the challenges faced by the planning.

The research group has completed eight planning schemes, and three representative schemes have been selected in this book. They have carried out in-depth research from different angles, and finally built their respective green space networks.

规划方案一
山川·河川·平川——基于生态安全和生活联通的山水城过渡空间规划

Mountains·Rivers·Plains——Ecological Security and Life Connectivity: The Strategic Plan on the Green Space of Hillside Area in Wulituo, Beijing

庄杭、胡而思、赵茜瑶、于佳宁、樊柏青、黄婷婷、孙越
Zhuang Hang/Hu Ersi/Zhao Xiyao/Yu Jianing/Fan Boqing/Huang Tingting/Sun Yue

鸟瞰图
Aerial View

在历史上五里坨地区的生产生活依托山水，与自然融合。依靠永定河冲击的沃土发展良田，依靠山林发展农林业、放牧、修建寺庙，沿着京西古道发展经济文化。

然而近代以来，山林斑驳破碎，水系文脉断流，山向水的联通被打断，山水城交错带矛盾对立冲突。

规划结合北京市总体规划和五里坨地区现状，提出了复绿浅山林地，寻源滨水，保障生态安全，联通生活与自然的总体目标。创建集自然生态保育、乡土原真保护、山水风光游赏、历史文化传承、城市生活服务多功能于一体的山水城过渡空间。

规划主要从生态安全和生活联通两方面入手。生态安全方面将水文安全格局、地质灾害缓冲安全格局和生物安全格局叠合，得到综合生态安全格局，确定基于生态安全的绿色空间范围。生活联通方面主要从城市公园、山林游憩和慢行需求分析，确定综合生活联通网络。

以此建立由山向水的通廊，利用绿地激活和改善城市空间，服务居民生活，传承历史文脉，发展山林游憩，实现产业转型。

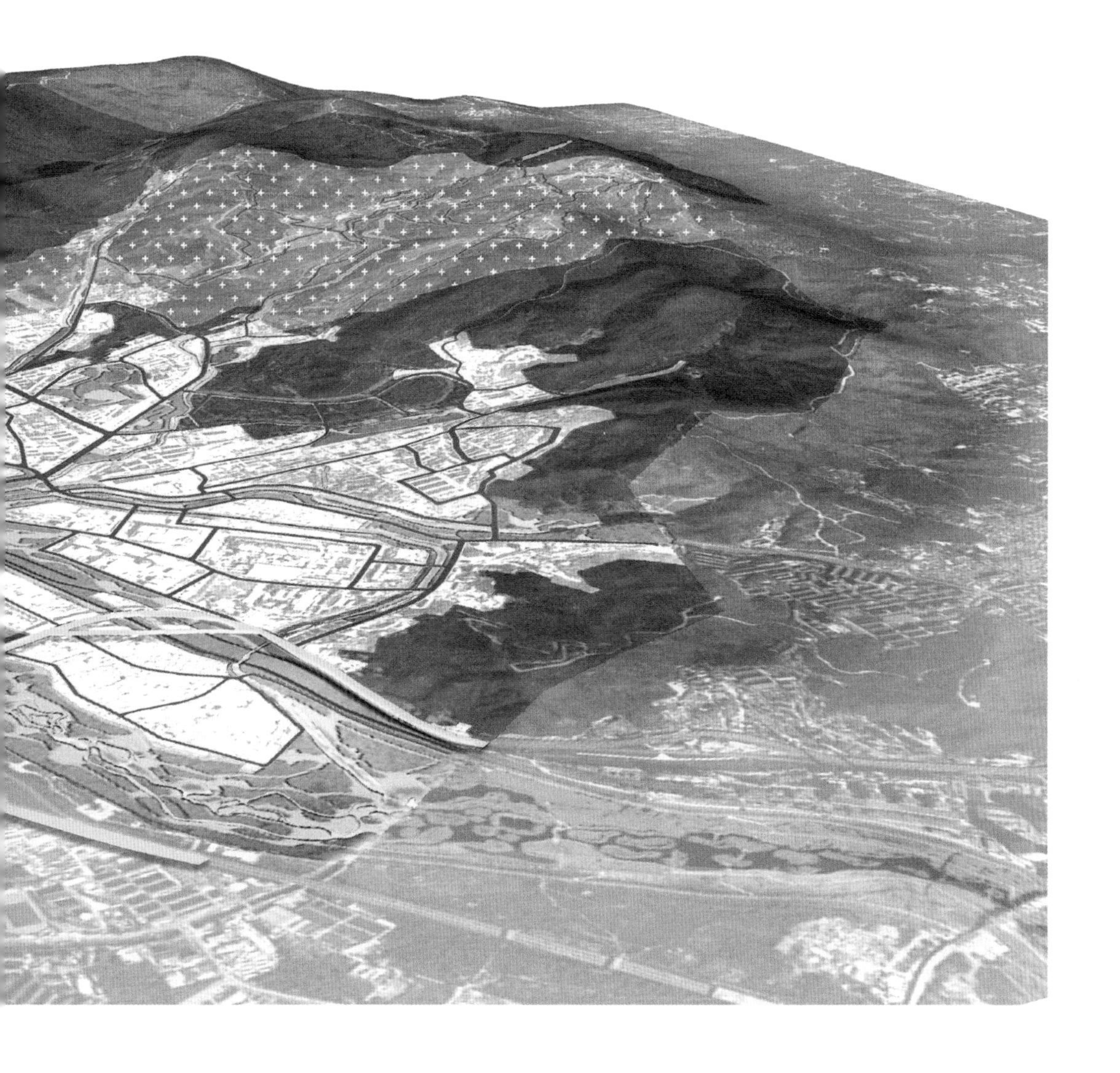

1. 规划概念

规划地块位于西山脚下永定河畔。在永定河东岸冲击的沃土上，发展起南线的农业带；依托西山脚下浅山林地，发展起北线的农林业和牧业；中线京西古道商业带担负起北京内外交通、物产交换、宗教活动和军事防御的功能。依赖着北部山川、南部河川和中部平川，不同生活样貌的自然村庄分布其间，形成了与自然融合的人居环境。

随着历史战争影响、城市扩张和近代工业发展，该地区自然环境遭到破坏。山林荒芜，斑驳破碎，导致水土流失；河道季节性的断流，水系文脉传承的匮乏，造成水与生活的疏离；铁路阻隔了城水关系，城市进一步逼退山林，山水之间的联通被打断；城镇粗放扩张，村庄衰败，山水城交错带矛盾对立。

根据北京市总体规划和石景山区规划中对于生态文明建设、山水文化传承和产业经济发展的要求，提炼出要营造生态郊野绿色走廊、文化休闲游憩线路，以及为实现地区发展转型提供综合服务。

结合五里坨地区现状，提出了复绿浅山林地，寻源滨水，保障生态安全，联通生活与自然的总体目标。

进而形成以浅山林地和永定河水脉为本底，以生态安全为基础，以生活联通为追求，创建集自然生态保育、乡土原真保护、山水风光游赏、历史文化传承、城市生活服务多功能于一体的山水城过渡空间。

规划策略一：生态衔接
Strategy 1: Ecological Linkage

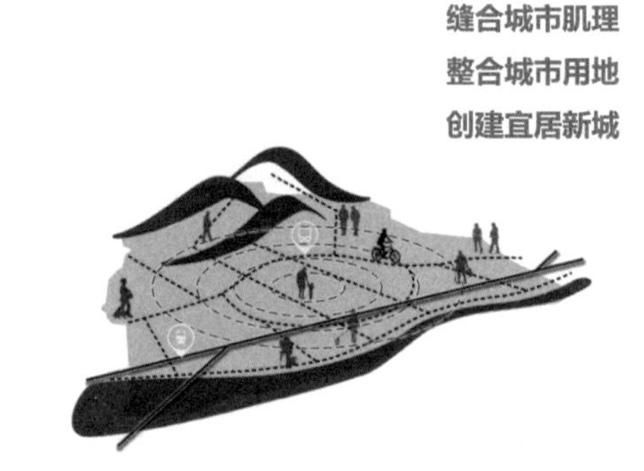

规划策略二：交通连接
Strategy 2: Traffic Linkage

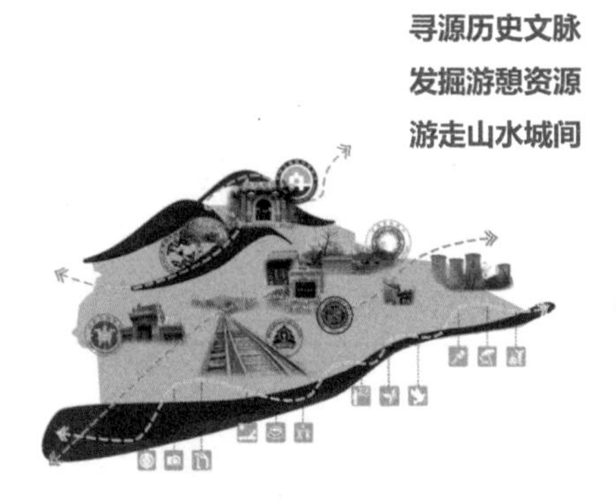

规划策略三：文化承接
Strategy 3: Cultural Inheritance

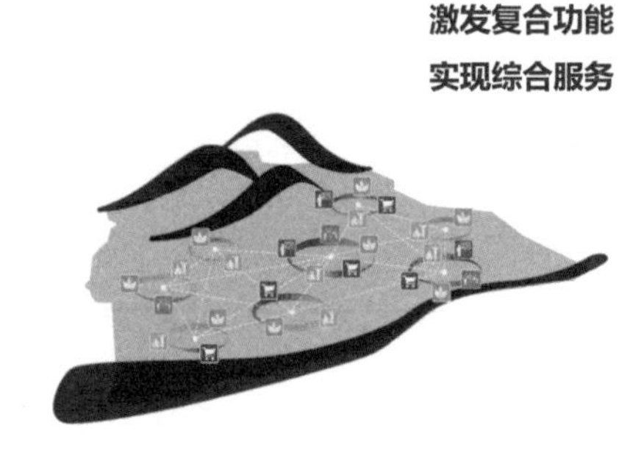

规划策略四：产业补接
Strategy 4: Industrial Supplement

2. 规划绿色空间范围研究

规划试图通过生态衔接、交通连接、文化承接、产业补接四大策略，实现山、水、城之间的过渡，建立起生态安全格局和生活联通网络。

生态安全格局的构建，主要从水文安全、地质安全、生物安全三个方面进行，利用 GIS 叠加分析，得到水系涵养保护区、山林重点保育区、生物廊道斑块和基质，提炼出基于生态安全的绿色空间范围。

生活联通网络的构建，主要从城市公园、山林游憩、慢行需求三个方面统筹。根据公园服务半径分析和潜力地块得出城市公园空间布局，综合生态敏感性、人文风物特色和山地风景价值划定山林游憩地，结合绿道选线，提炼出基于生活联通的绿色空间范围。二者叠加得到规划绿色空间范围。

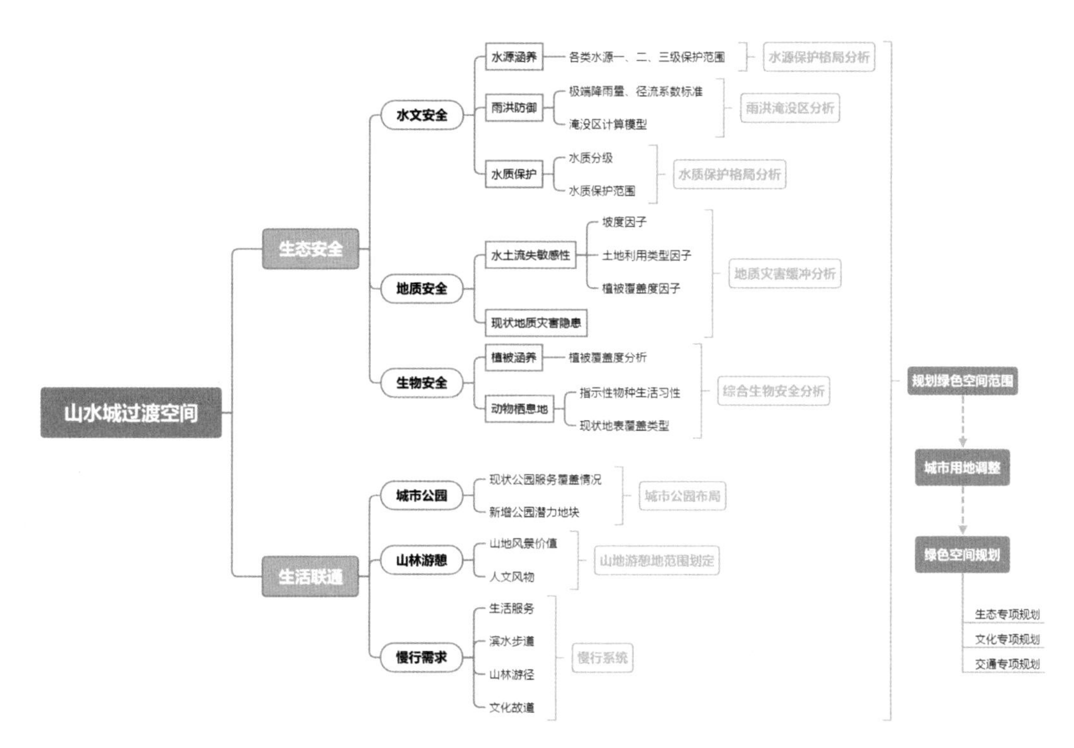

技术路线

Technical Route

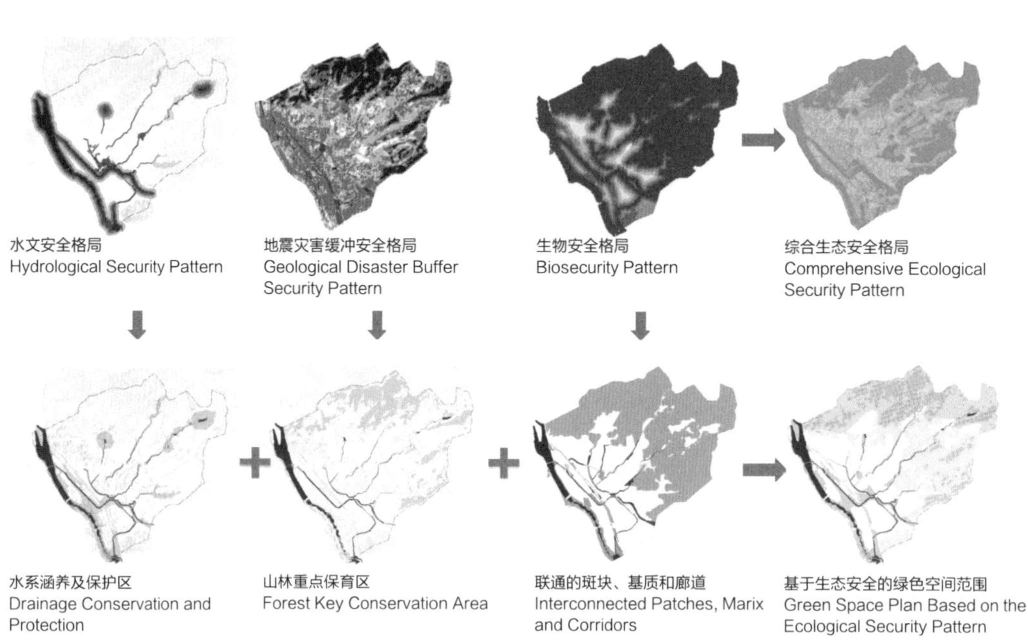

基于生态安全的绿色空间范围确定过程

Green Space Scope Determination Process Based on Ecological Security

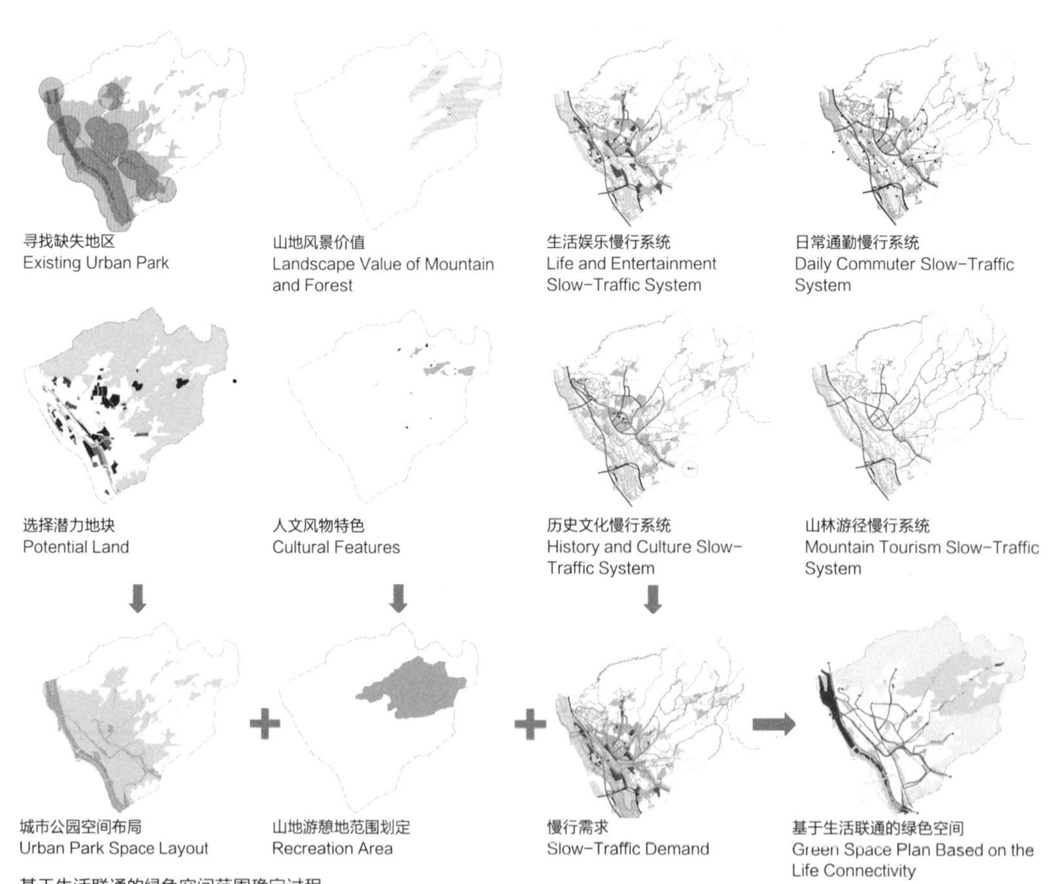

基于生活联通的绿色空间范围确定过程

Green Space Scope Determination Process Based on the Life Connectivity

规划绿色空间范围
Green Space Plan Range

用地功能规划图
Master Plan of Land Use

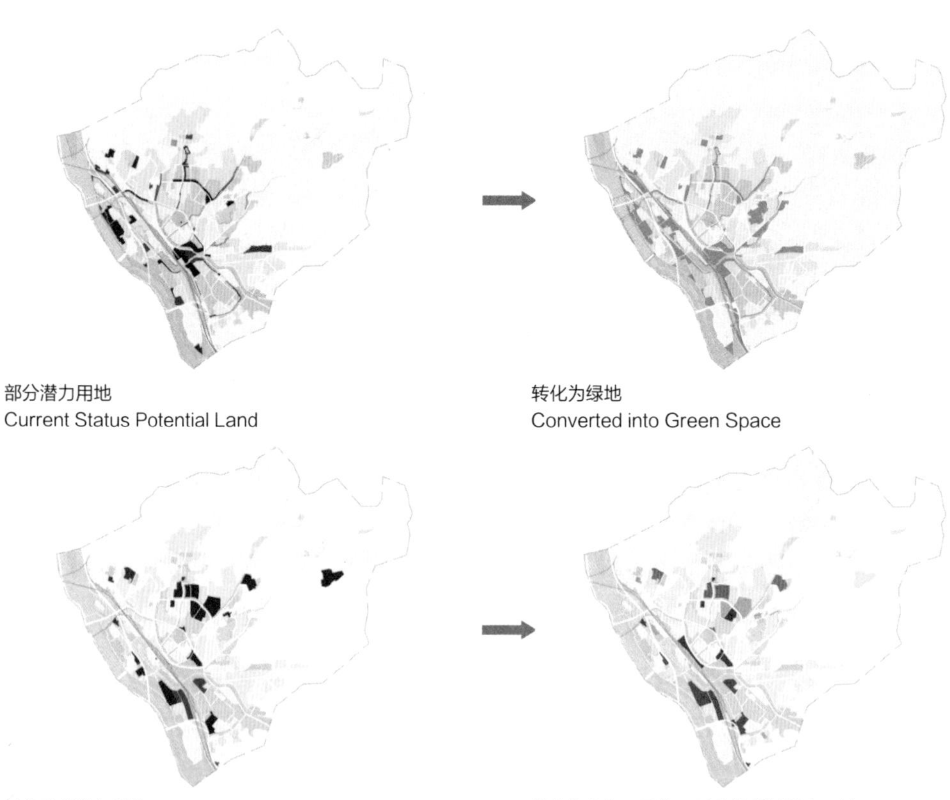

部分潜力用地
Current Status Potential Land

转化为绿地
Converted into Green Space

其他现状潜力地块
Other Current Status Potential Land

转化为商务、居住、科教等其他城市用地
Converted to Other Functions

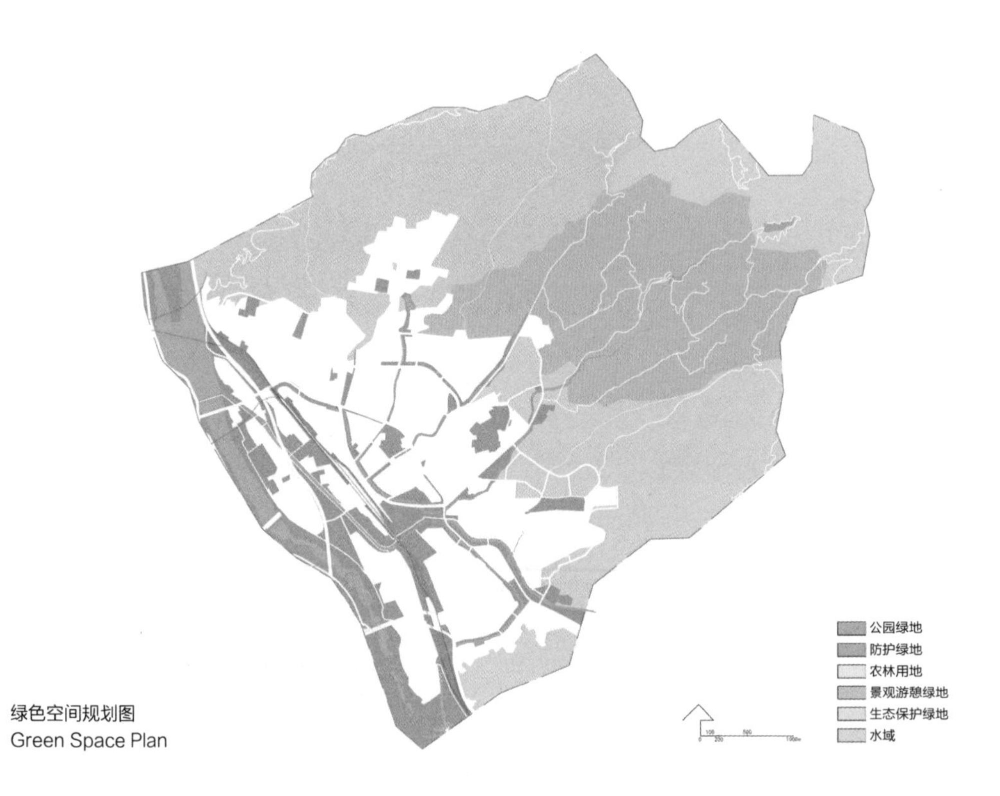

绿色空间规划图
Green Space Plan

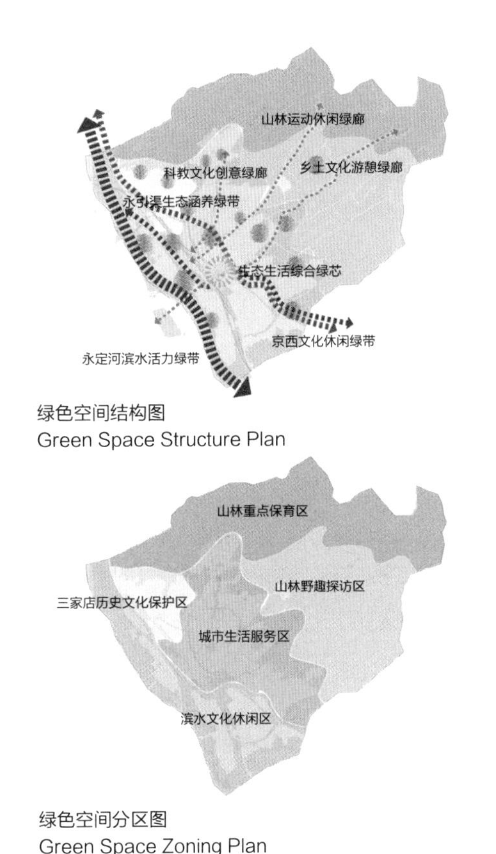

绿色空间结构图
Green Space Structure Plan

绿色空间分区图
Green Space Zoning Plan

3. 总体规划

规划绿色空间呈现一心 · 三带 · 三廊 · 五区 · 多点的总体结构。

一心：以三家店火车站周边作为生态生活综合绿心。

三带：以沿永定河分布的滨水活力绿带、沿永引渠分布的生态涵养绿带以及沿京西走廊分布的文化休闲绿带作为绿色空间骨架。

三廊：为乡土文化游憩绿廊、山林运动休闲绿廊、科教文化创意绿廊，实现山林—城镇—水之间的联通。

五区：

（1）滨水文化休闲区：主要沿永定河划分，包含了河滨风光公园、植物园、生态示范区等。

（2）城市生活服务区：五里坨居民生活工作的主要区域，包含了综合公园、儿童公园等。

（3）三家店历史文化保护区：分布于三家店区域，规划有历史文化街区、乡土园艺等。

（4）山林野趣探访区：有满井村和多处果林，规划了观光采摘、都市农业等多种活动。

（5）山林重点保育区：是生态敏感度较高的区域，需要重点保护。

此外，区域内还分布着多种类型的点状绿地，在对周边用地类型、使用人群与功能倾向进行综合性分析之后，对这些点状绿地的功能进行了明确划分。

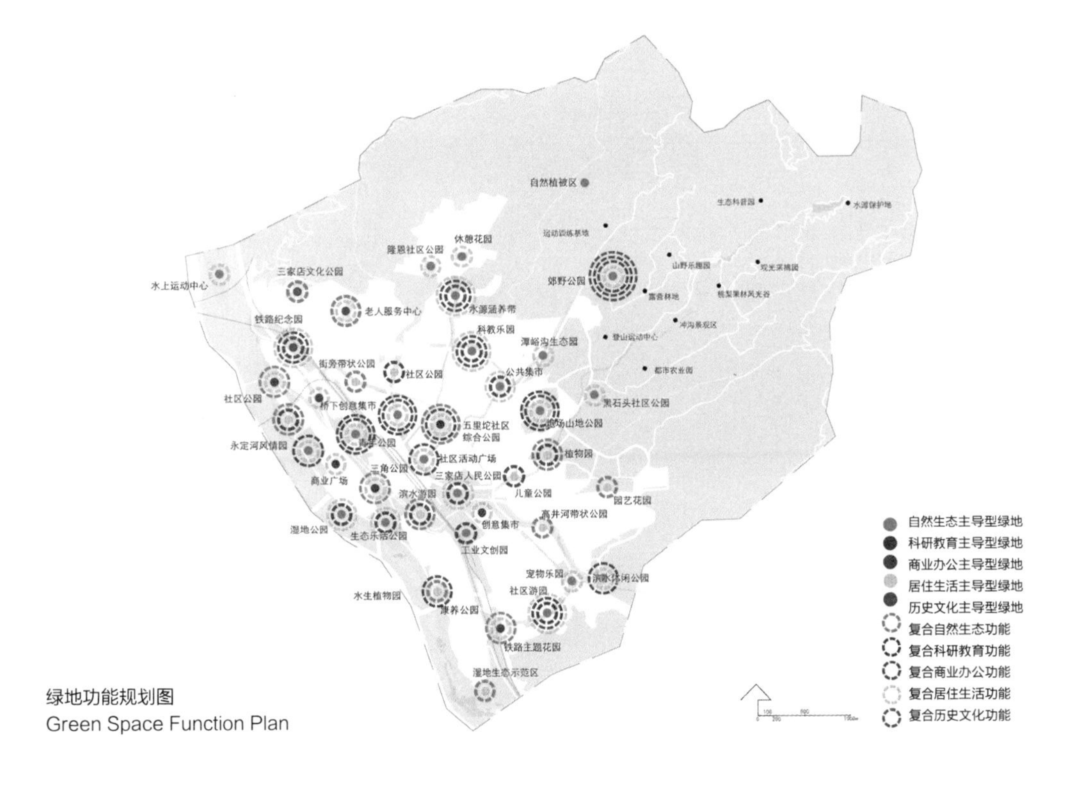

绿地功能规划图
Green Space Function Plan

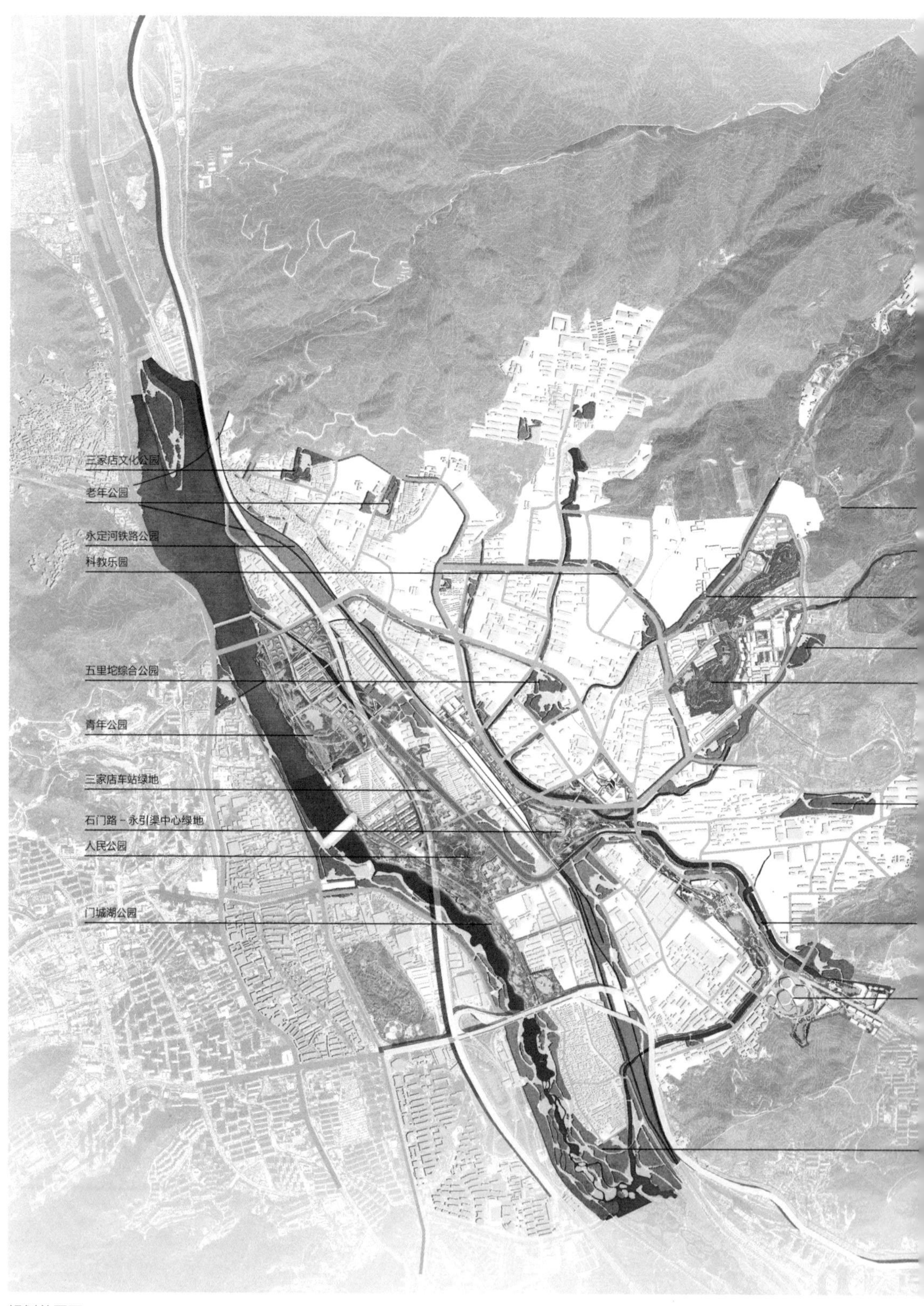

规划总平面
Master Plan

规划中依托了现状城市绿地、浅山林地和永定河水脉，并根据叠加分析所得出的结论，选取出了如图中所示的绿色空间范围。

该绿色空间范围包含了沿水系及京西走廊的绿带、连接浅山—城镇—河流的绿廊，以及位于浅山区的面状绿地，为浅山林地与河流两岸的复绿提供了基础。

同时包含了城市公园、郊野公园，并考虑了居民与游客的慢行需求与游憩功能需求，将生活与自然相连。

4. 专项规划

在此基础上，又分别提出生态、文化与交通规划策略。

生态专项规划中，包含了生境栖息地规划、地质灾害缓冲区保护规划、水文生态环境治理和保护规划。

其中生境栖息地根据现状自然地貌与植被的不同，分为三类进行生境构建策略研究：

（1）山体生境构建策略：利用植物群落的演替规律，结合自然恢复与人工辅助恢复，重点保护山体水土流失较严重区域，对水土状态较良好区域进行一般保护，在城市与山体交界地带形成生境的过渡区域。

（2）水体生境构建策略：保护恢复永定河两岸湿地景观，减少硬质驳岸，规划保育、休憩、恢复功能，分区段营造近自然湿地生境、人工干扰湿地生境。对现有冲沟进行景观化改造，并在适宜区域建设水源保护地。

（3）城市绿地生境构建策略：将城市绿地作为生态系统踏脚石，连接生态安全格局中的生态廊道，逐步优化完善城市生境，为城市居民提供休闲游憩活动空间，提升市民生活质量。

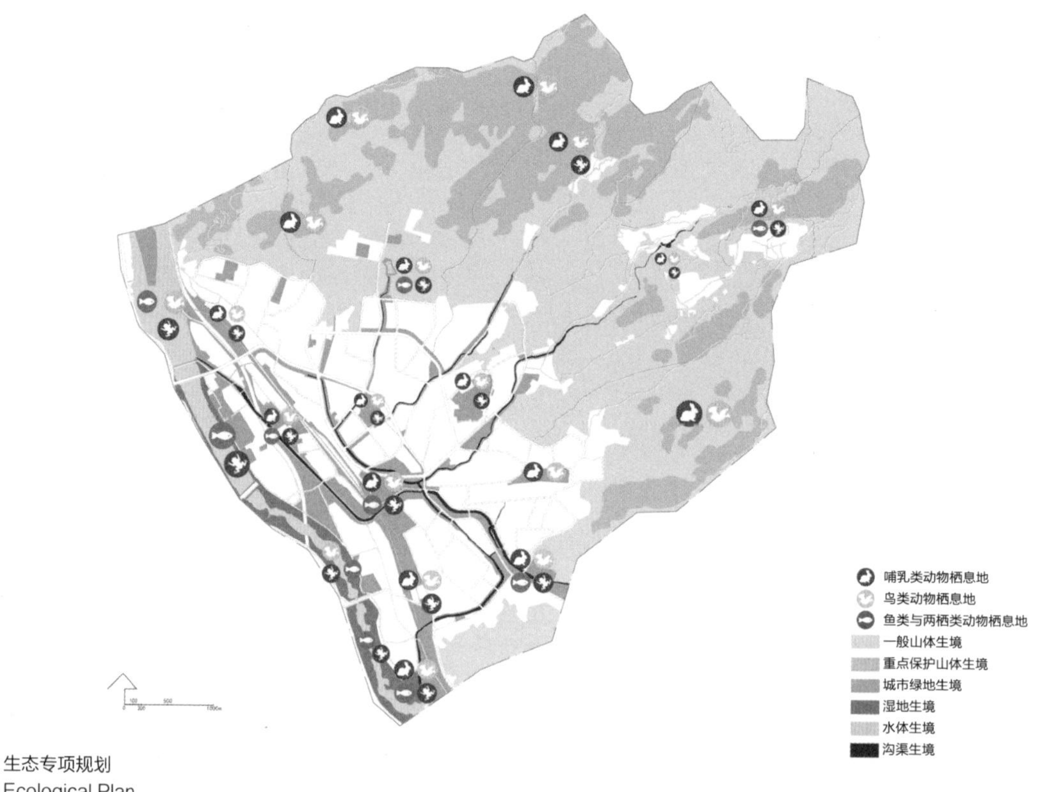

生态专项规划
Ecological Plan

哺乳类动物栖息地构建策略与建议模式
Habitat Construction Strategies of Mammals

鸟类动物栖息地构建策略与建议模式
Habitat Construction Strategies of Birds

鱼类与两栖类动物栖息地构建策略与建议模式
Habitat Construction Strategies of Fishes and Amphibians

生境栖息地规划
Habitat Construction Strategies

地质灾害缓冲区保护策略

（1）在已经确定的灾害隐患点周边划定缓冲区，严格禁止任何形式的人工开发建设。

（2）隐患区内设施的选址和设计应尽量与现状山体结合，避免填挖土方造成新的地质灾害隐患点。

（3）丰富现状山体绿色空间的植被覆盖，在林下补植地被植物和耐阴灌木；现状荒地和硬质地表逐步恢复为绿色空间，并种植抗性强、生长快的乡土植物种类。

（4）在缓冲区外围的绿色空间开展游憩活动应时刻保持警惕；必要时可采用工程手段，如错固、栏挡等进行迅速加固，远期再通过植被丰富过程进行逐步恢复。

水文生态环境治理和保护规划

（1）水源保护策略：

1）建设水源涵养林地及环库生态保护区。

2）改善原有河滩，增加水生植物和浮岛。

3）恢复冲沟山脚植被，带动山体植被修复。

（2）水质改善策略：

1）通过种植植被缓冲带，在河岸与水面接触处堆砌砾石、增设浮岛，于污染物集中区设置微地形四种方式改善滨河水质。

2）通过改造硬质堤岸（设置石笼、植物拦截）改善城市水质。

3）大型村镇通过设立排污管网集中处理，再经坑塘湿地进一步净化水质；小型村镇设立污水处理池改善水质。

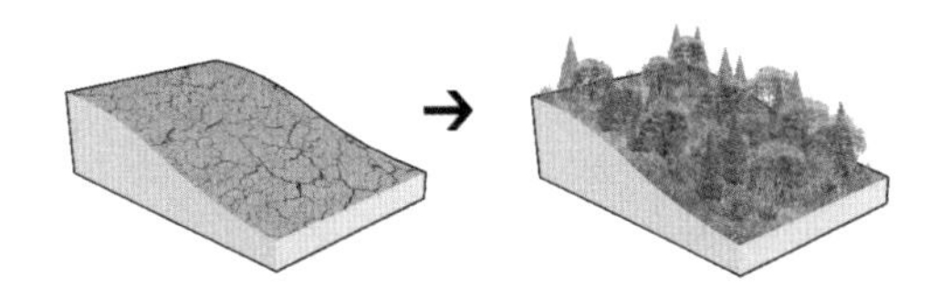

地质灾害缓冲区保护策略
Protection Strategy of Geological Hazard

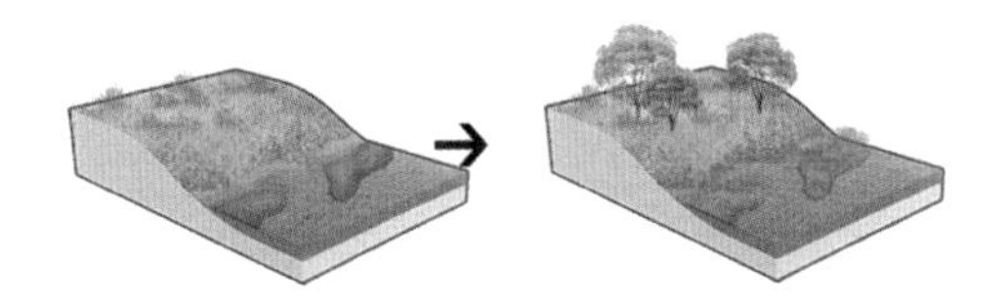

水源保护：河滩改造
Riverbank Renovation

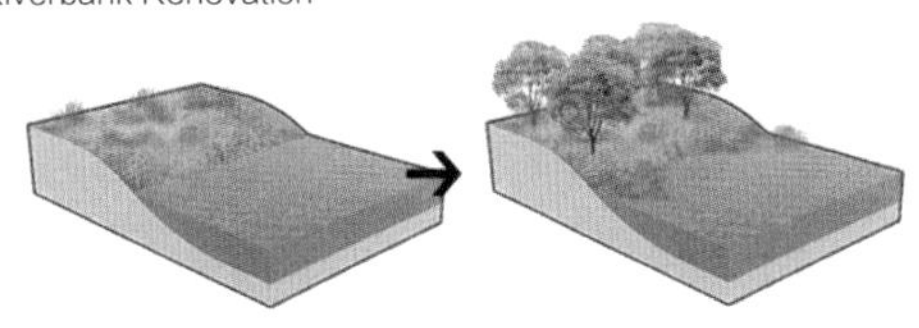

水源保护：环库改造
Reservoir Renovation

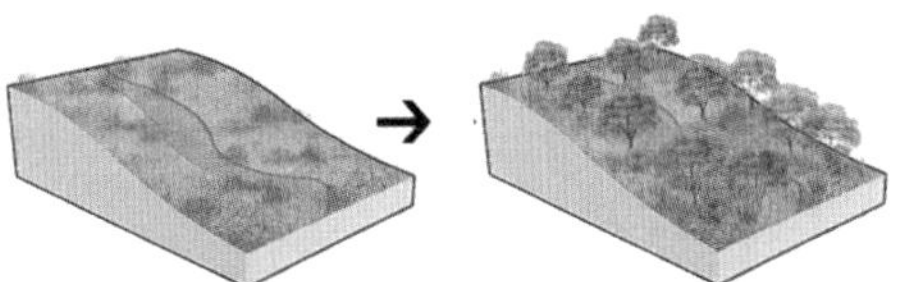

水源保护：冲沟改造
Gully Renovation

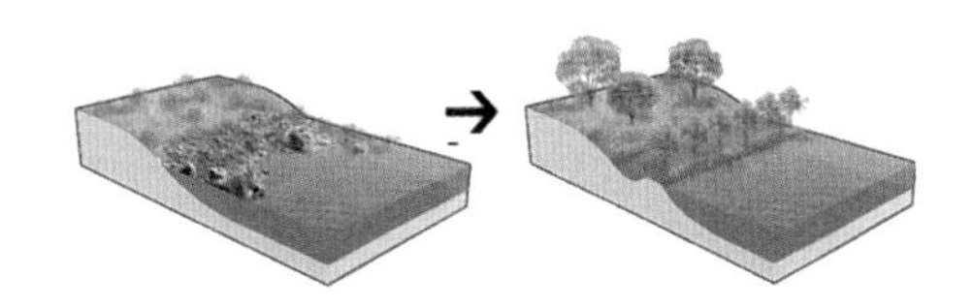

水质改善：滨河水质
River Water Quality

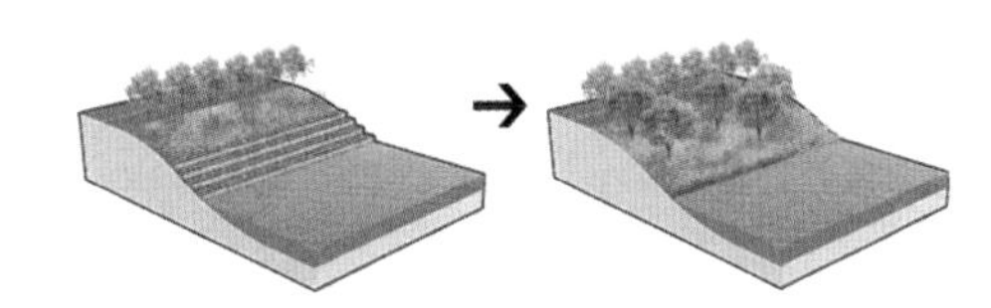

水质改善：城市水质—石笼植物
Urban Water Quality

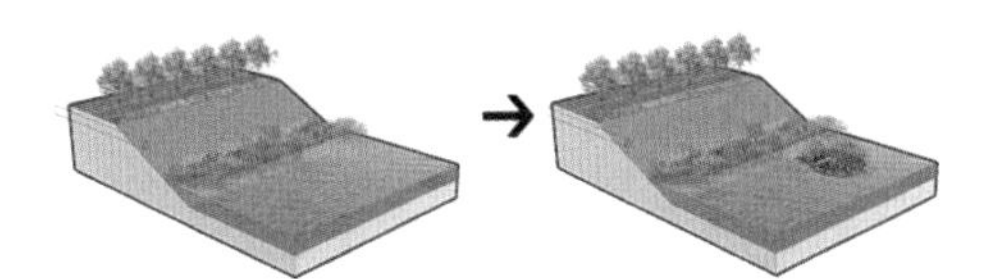

水质改善：城市水质—改造硬质堤岸
Urban Water Quality

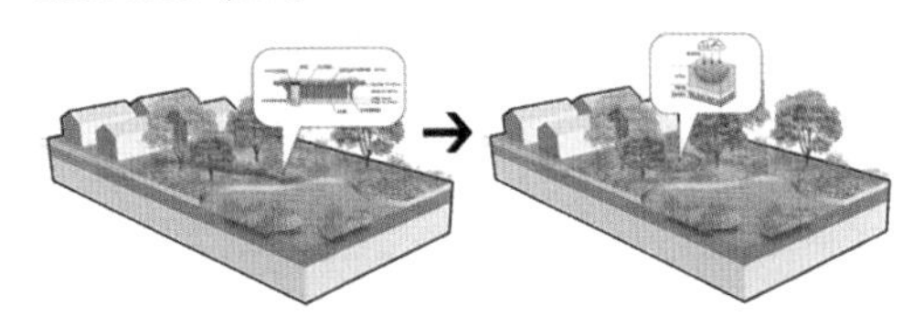

水质改善：村镇水质
Town Water Quality

水文生态环境治理和保护规划
Hydrological Environmental Management and Protection Plan

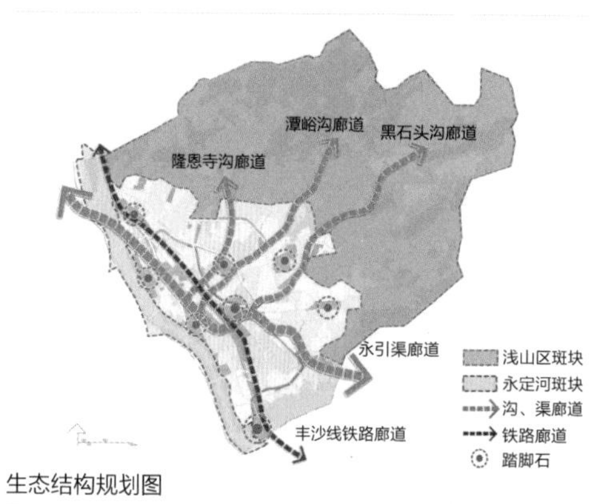

生态结构规划图
Ecological Structure Plan

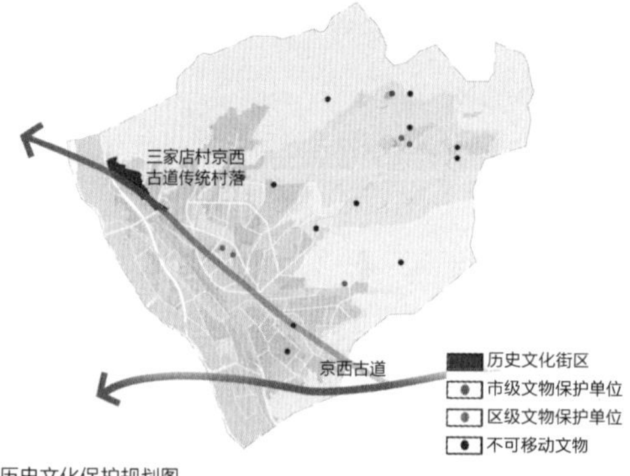

历史文化保护规划图
Heritage Protection Plan

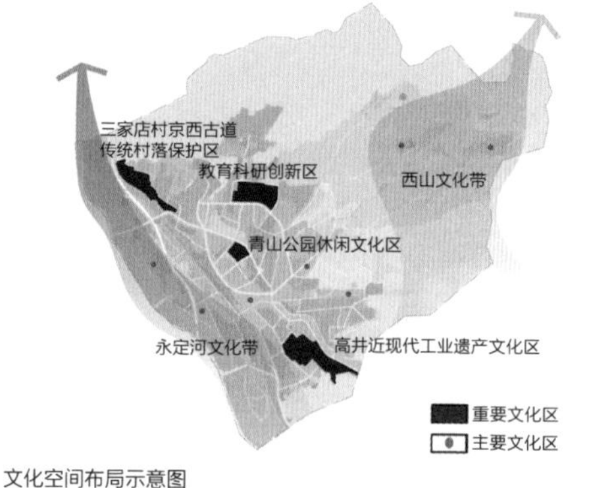

文化空间布局示意图
Central Cultural Space Plan

文化专项规划
Culture Plan

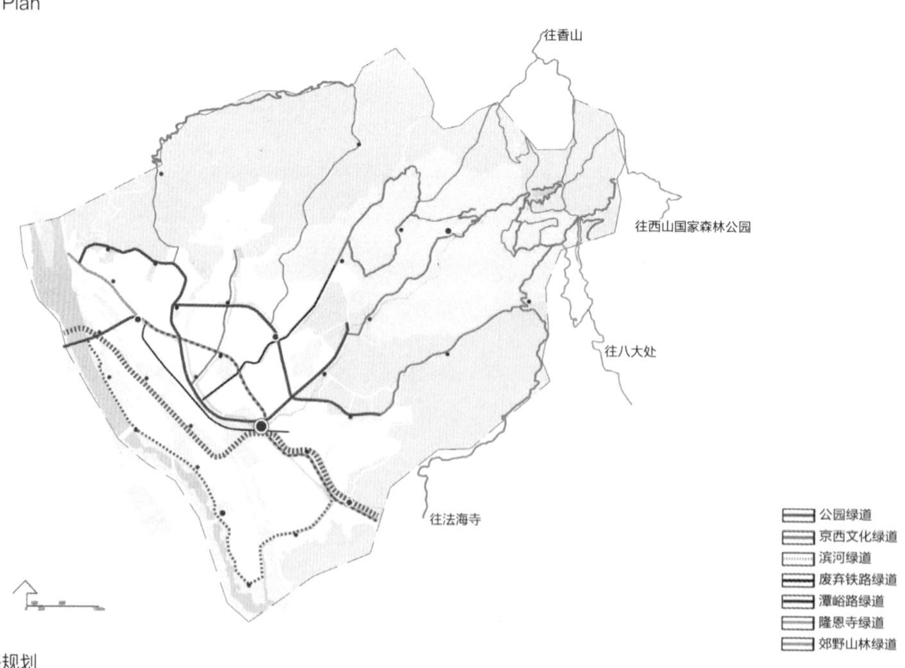

绿道线路规划
Greenway Plan

规划中，梳理了城市慢行交通，对城市道路人行道、小区道路和胡同、公园园路和广场、山区栈道、步行街和地下通道分别制定设计指引。

在强化慢行交通体系与公共交通衔接方面，将公园道路、山林栈道纳入城市慢行系统之中，形成通畅舒适、环境优美、以步行为主的慢行交通网络。对景观特色、公共设施、人文景点和生态的适宜性评估选择出 6 类城市绿道和山区的郊野山林绿道。

基于绿道选择原则，设置了公园绿道，串联五里坨地区各大城市公园，兼顾通勤、旅游、生态廊道等功能，发挥名片效应。其中，京西文化绿道串联模式口—三家店沿线历史古迹和文化景观，形成文化旅游线路；隆恩寺绿道和谭峪路绿道连系山林区和城市区，依托冲沟和城市道路建立绿带，发挥了生态廊道的作用；滨河绿道和铁路绿道充分利用城市景观资源和废弃地建设了主题廊道。

绿道驿站是服务设施综合载体，分为三个等级：一级驿站是绿道管理和服务中心，承担管理、综合服务、交通换乘功能；二级驿站是绿道服务次中心，承担售卖、租赁、休憩和交通换乘功能；三级驿站作为使用者休息场所。

根据规划需求，一、二、三级驿站均需要设置管理服务设施、配套商业设施、游憩健身设施、科普教育设施、安全保障设施、环境卫生设施及停车设施。依据规划城市绿道的具体情况，考虑到驿站的服务半径需满足游憩的基本需求，对驿站进行了布置和选择。

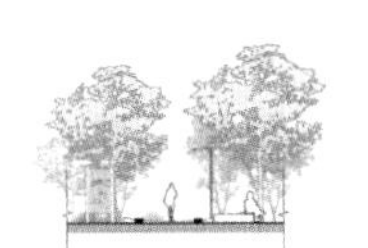

废弃铁路绿道
Abandoned Railway

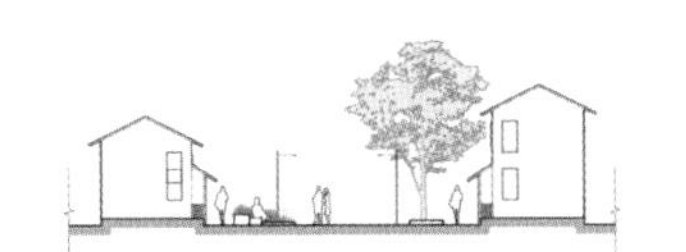

历史文化绿道
Historical and Cultural Greenway

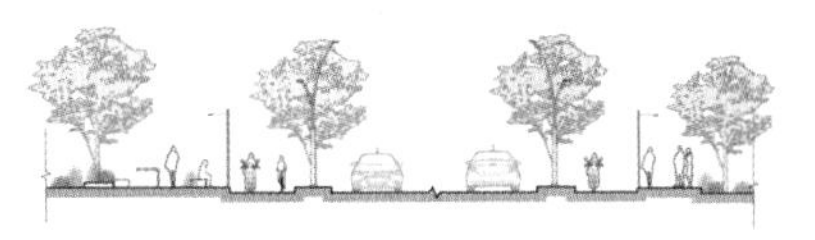

城镇绿道：依托道路
Urban Greenway: Relying on Urban Road

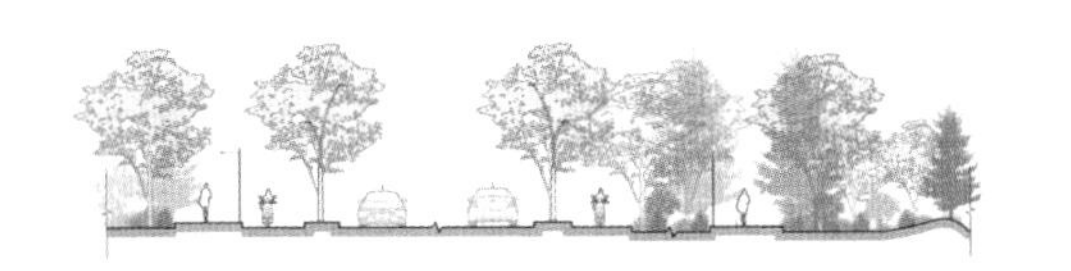

城镇绿道
Urban Greenway: Relying on Green Space

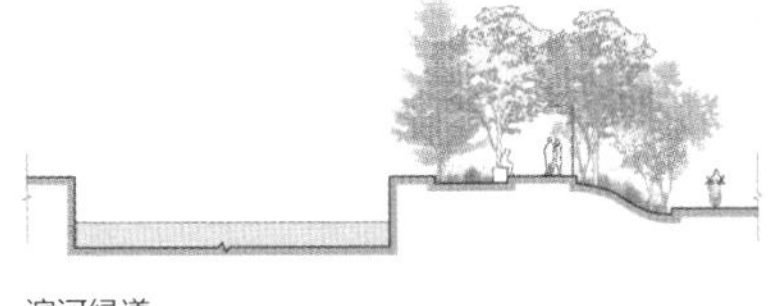

滨河绿道
Riverside Greenway

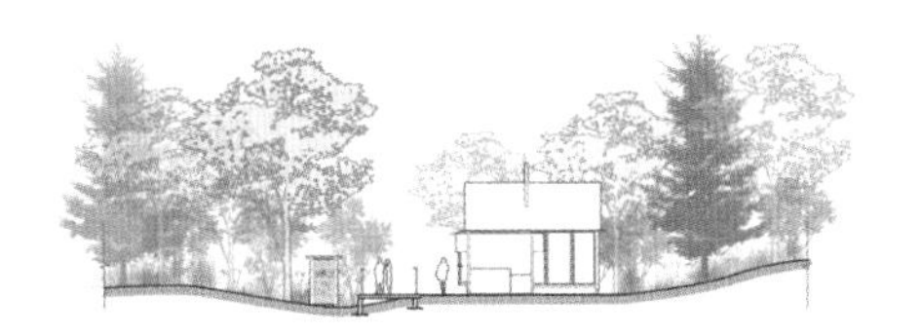

郊野绿道 1
Country Greenway 1

郊野绿道 2
Country Greenway 2

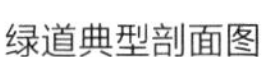

绿道典型剖面图
Representative Greenway Section

规划方案二
相逢山水地，居游城市间
——构建融山水城村于一体的生态旅游宜居山城五里坨

Better Landscape, Better City Life
——Building A Sustainable and Livable Tourist Suburban Hilly City, Wulituo

王子尧、严妮、徐昕昕、冯玮、方濒曦、邓佳楠、赵晓伟
Wang Ziyao/Yan Ni/Xu Xinxin/Feng Wei/Fang Binxi/Deng Jianan/Zhao Xiaowei

鸟瞰图
Aerial View

自20世纪90年代以来，北京进入了高速的城市扩张阶段，城区已逐渐逼近西北部山地。山区一直以来都是北京市的重要生态涵养地带。浅山区则是位于山区与城区之间的过渡地带，其一方面具有极高的生态敏感性，另一方面也需应对日益扩张的城市发展需求。

本次规划地块——北京市石景山区五里坨地区就是典型的浅山区，被永定河河岸和小西山南北山脊环抱，总面积约为25km^2，规划范围内常住人口约3万人。该区域拥有优质的天然山水格局，其间分布着大量的景观遗产资源点，具有极高的文化历史价值，同时南侧为首钢工业遗址、2022年冬奥会的举办地，具有巨大的发展潜力。

但是，随着城市化进程加速和本土产业（工业）的没落，现阶段的五里坨地区存在着一定的问题：良好的山水关系被割裂；生态斑块破碎化；历史遗产资源缺乏保护和宣传；本地就业机会减少等。

因此，本次规划希望通过区域绿色网络的构建来塑造融山水城村于一体的生态旅游宜居山城五里坨，从生态、生活、文旅三大方面振兴区域活力，优化本土产业，从而实现相逢山水地、居游城市间。

1. 规划概念

五里坨地区处于被永定河和小西山环抱的“碗状”地带，大部分属于海拔 100 ~ 300m 的浅山区范围，是城市与自然的过渡带，生态环境极其敏感。场地内共有 7 条河流，形成了优越的山水关系和自然条件。此外，五里坨地区还是古代商贸路线京西古道和近代京西煤矿运输的必经之路，繁盛一时。随着现代生产交通方式的改变，煤矿资源的枯竭，产业没落，丰富的遗产资源和文化也渐渐被遗忘，得天独厚的山水关系也被城市建设所割裂，令人惋惜。

近年来，随着北京的城市转型，新的城市总体规划也对这个区域有了新的定位和目标，上位规划明确提出规划地块依托三山五园地区、八大处地区、永定河沿岸等历史文化资源密集地区，是历史文化衔接与传承重要地段，同时也是北京西部生态涵养区的重要组成部分，是集传统文化和自然景观于一体的休闲旅游区域，是立足生态涵养区、面向中心城、辐射山区的区域服务中心和宜居山城。五里坨地区面临着重大的机遇和挑战。

谚语说“山水有相逢，春风入卷来”，山水相逢之地，应是美好的地方，因此规划通过绿色网络的构建重新联系山水，实现人城共荣，串联古今，让五里坨变成一个山水相逢、可居可游的生态旅游山城。

山水不逢
The Isolation of Mountain and Water

人城不逢
The City Lose Vitality

古今不逢
The Loss of History

现状问题
Current Situations

山逢水

织补山水格局，重塑生态网络

保护生态核心区域，串联绿色生态廊道
拓宽城市滨河绿带，改善河流生态环境
增加山水视觉连接，打造城市视线通廊

人逢城

推进产业转型，激活城市空间

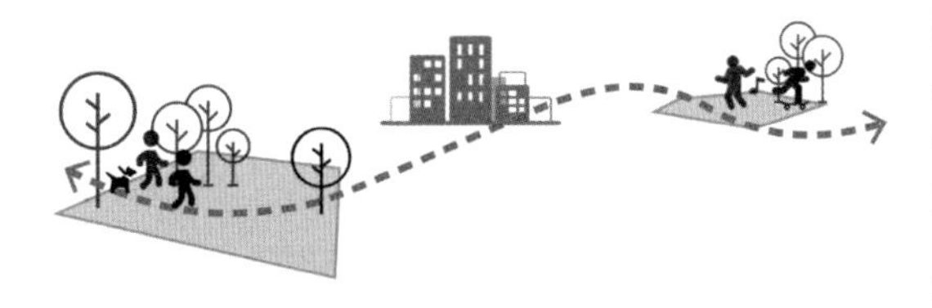

调整城市用地功能，促进产业结构转型
挖掘城市潜力地块，塑造区域活力单元
优化城市慢行体系，打造特色慢行线路

古逢今

串联文化遗产，构建游憩体系

加强历史遗产保护，挖掘城市文化资源
串接区域分散资源，连通历史文化廊道
丰富游览活动类型，打造特色游憩体系

规划策略
Planning Strategies

2. 规划目标与策略

明确了规划要求及现状问题后，本规划进一步从生态保护、自然整合、以人为本以及文脉传承四个方面构建总体目标。同时从生态保护、城市功能以及历史传承三个方面提出总体规划策略，以此响应现状城市发展中存在的三方面问题。

（1）生态保护方面：通过 GIS 叠加分析，从生物保护、水文安全、地质灾害安全三个方面构建生态安全格局，并且结合城市用地现状实现该目标需要的绿色空间范围。

（2）城市功能方面：通过调整城市用地，激活城市空间，将曾经的废弃厂房规划为文创产业办公园区，结合与人们生产生活紧密相关的基础设施进行绿道选线，为不同人群构建友好步行环境，鼓励绿色出行，利用城市的灰色空间，将其塑造为全新的活力单元，构建生活导向型的绿色空间网络。

（3）历史传承方面：五里坨地区拥有众多以三家店、琉璃渠、京西古道为代表的商贸历史文化资源，具有巨大的文旅产业开发潜力。因此，规划基于现有的文化遗产资源，构建廊道，联系古今，丰富其活动类型，实现多样游憩体验。

3. 绿色空间更新改造范围研究

针对“山逢水”的规划策略，本方案从生物安全、水文安全以及地质灾害安全三方面入手构建场地内的生态安全格局，并以此作为生态修复改造更新范围划定的依据。

在生物安全方面，选取大山雀、蟾蜍以及刺猬这三种五里坨地区常见的物种为代表，依据它们的习性，分别构建鸟类、两栖类以及哺乳类生态保育区，并通过叠加确定生物保护改造更新的范围。

在水文安全方面，通过对场地内的雨洪与水源地进行统计分析，进而得到场地内的水文安全格局，并以最高安全级别范围作为水文安全改造更新的范围。地质灾害安全方面与水文安全类似，通过对场地内的坡度以及 NDVI 植被归一化指数进行分析，最终叠加得到地质灾害安全改造更新范围。

由生物、水文、地质灾害三方面选地叠加，最终得到生态保护改造更新范围。

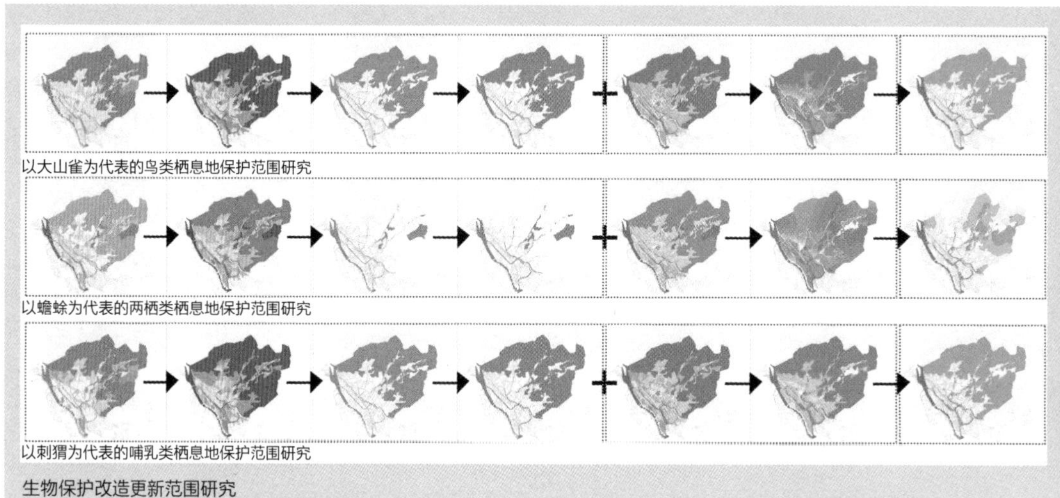

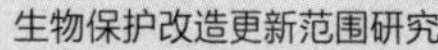
生物保护改造更新范围研究

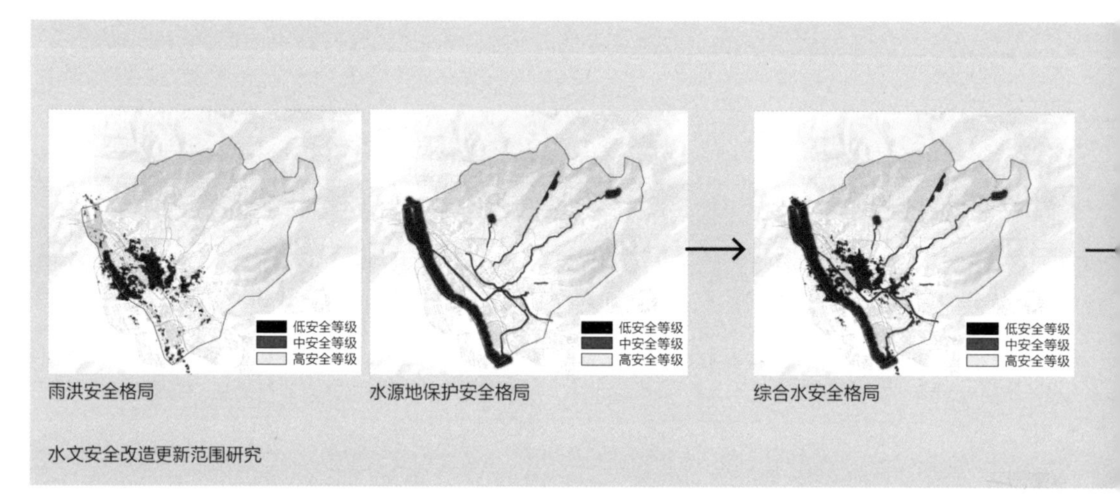

水文安全改造更新范围研究

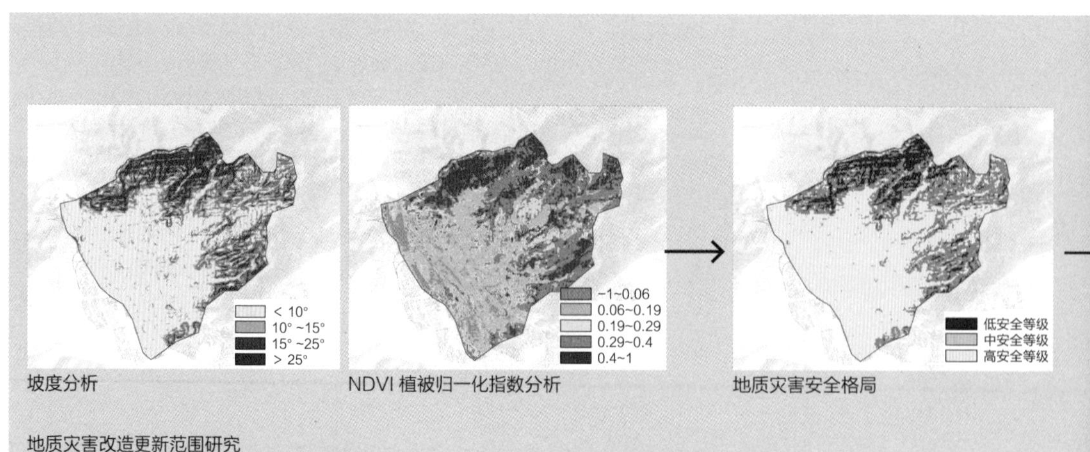

地质灾害改造更新范围研究

基于生态保护策略的绿色空间改造更新范围研究

The Research on Green Space Renewal Area Based on "Ecological Protection" Strategies

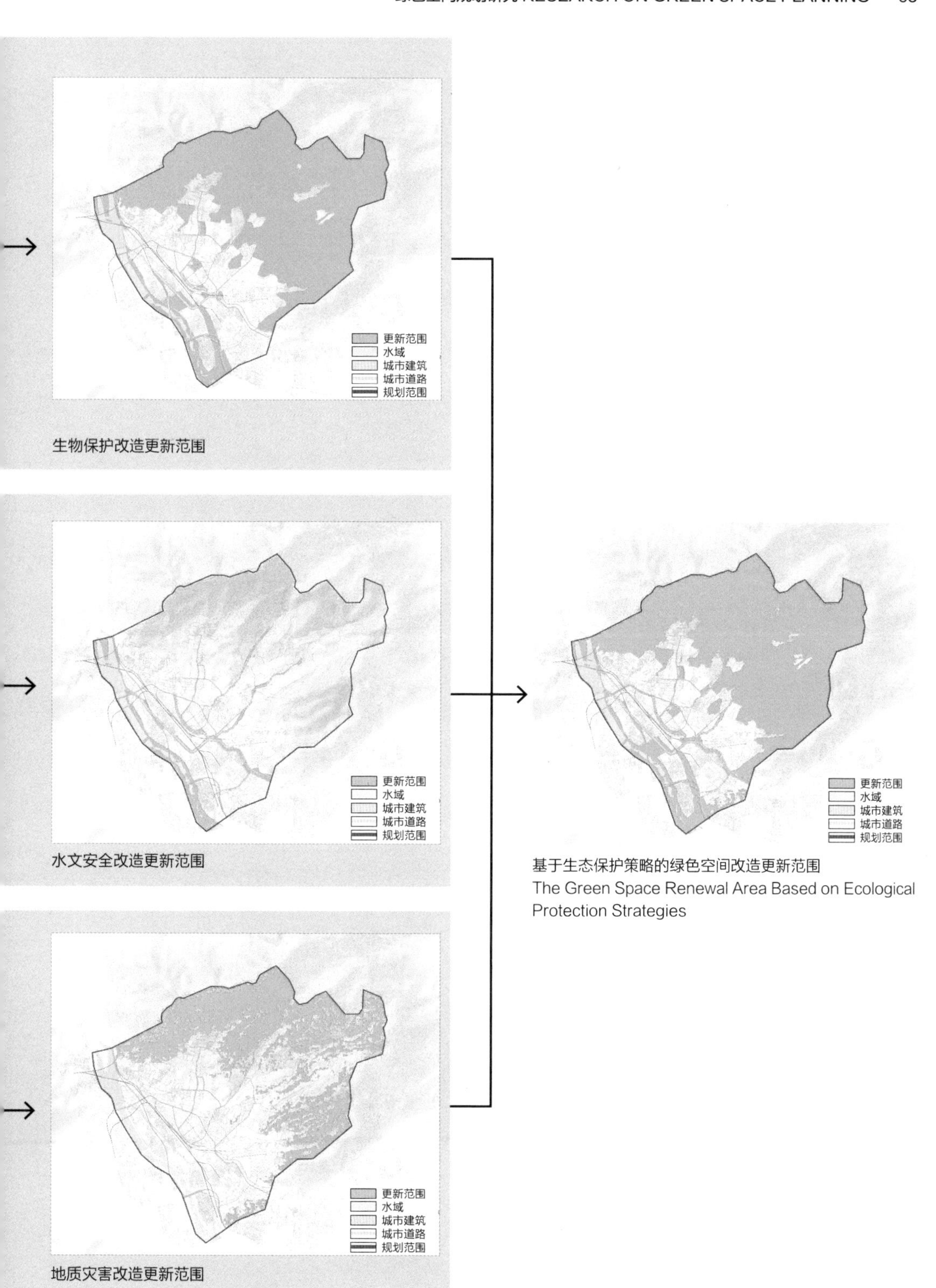

基于生态保护策略的绿色空间改造更新范围
The Green Space Renewal Area Based on Ecological Protection Strategies

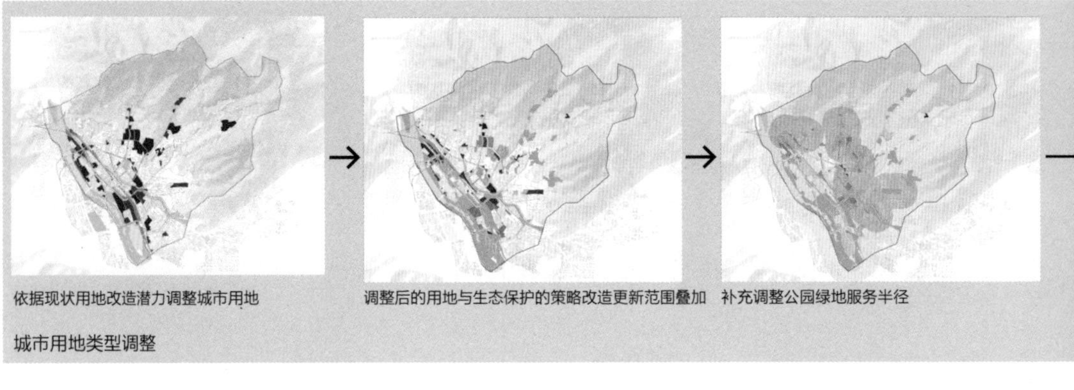

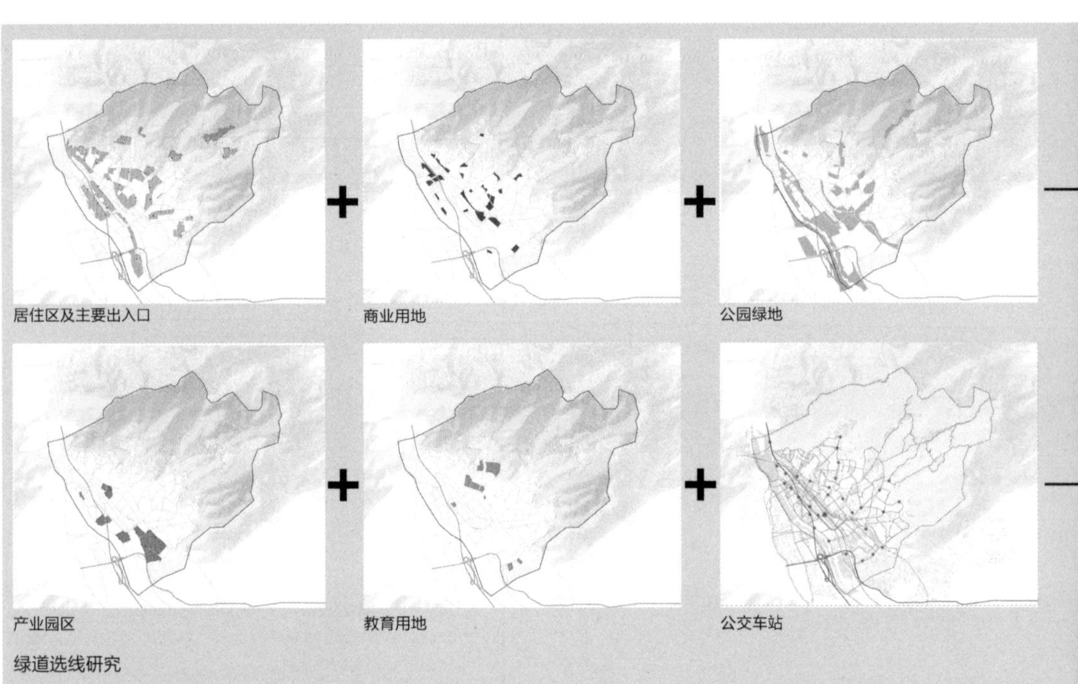

基于城市功能策略的绿色空间改造更新范围研究
The Research on Green Space Renewal Area Based on "Urban Function Transformation" Strategies

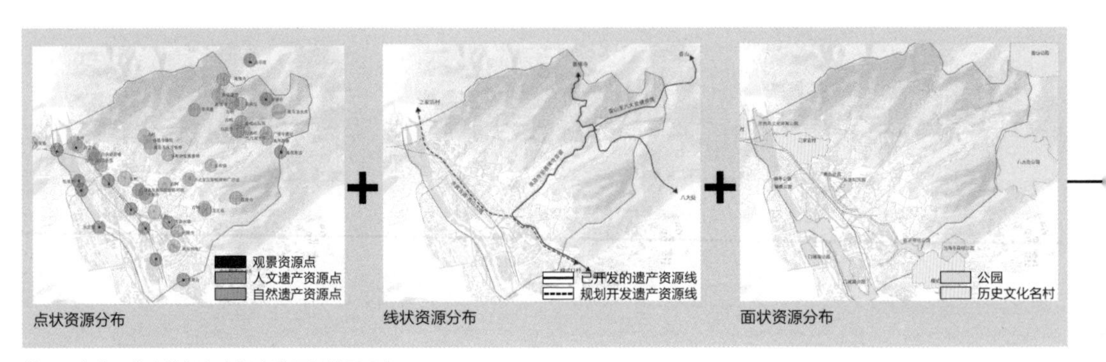

基于历史传承策略的绿色空间改造更新范围研究
The Research on Green Space Renewal Area Based on "Historical Preservation" Strategies

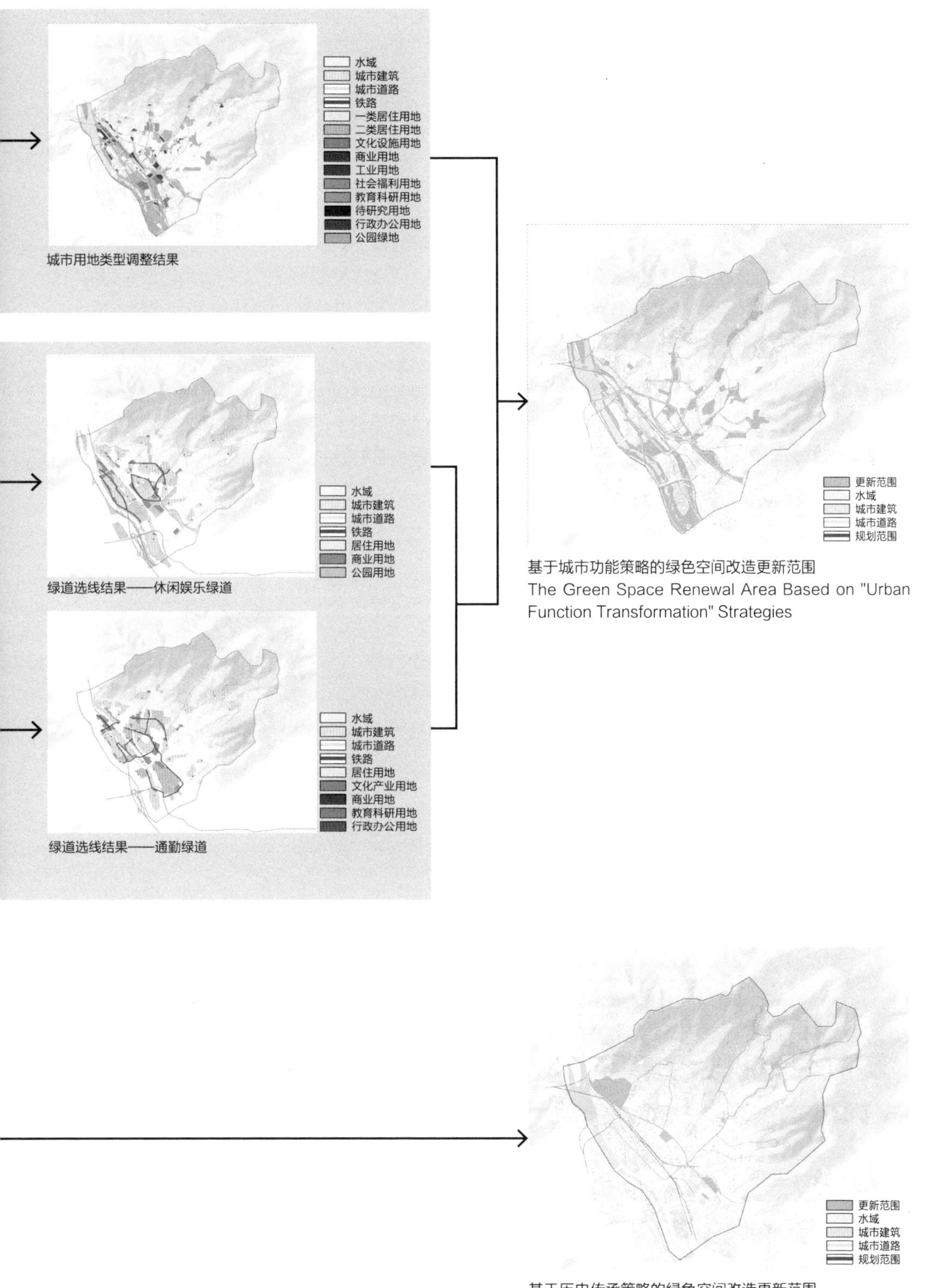

基于城市功能策略的绿色空间改造更新范围
The Green Space Renewal Area Based on "Urban Function Transformation" Strategies

基于历史传承策略的绿色空间改造更新范围
The Green Space Renewal Area Based on "Historical Preservation" Strategies

针对“人逢城”的规划策略，以生态保护改造更新范围为基础，与现状及规划城市用地进行对照，并对其进行调整与修正。对难以改变其性质的用地和其他规划用地与生态保护选地有所冲突的地块，通过人为的筛选，保证其改造更新的可实施性。

在此基础上，提取规划范围内所有的公园绿地，以 500m 作为公园服务半径做缓冲区。结果表明，调整后的公园绿地服务范围并不能完全覆盖规划范围内的所有居住区。因此，本方案在生态保护选地的基础上适当增加公园绿地，以确保所有居住区均在公园服务范围以内。

针对调整后的城市用地，提取其居住区与主要出入口、商业用地以及公园用地，叠加并分析出场地内休闲娱乐绿道选址。同理，通过对产业园区、教育用地以及公交车站点的分析，得到通勤绿道的选址，进一步补充和完善了城市功能改造更新范围。

针对“古逢今”的规划策略，本方案对现状的历史游憩资源进行了多层次的分析。现状点状资源集中分布于三家店村、G109 国道、隆恩寺、潭峪、转马台附近，但相互之间联系性较差。

规划范围现存两条游憩线，为古香道线、香山至八大处健步线，但使用人群较少，开发强度低。

规划范围与外围都分布了大量的村落与公园绿地。其中模式口村、三家店村、琉璃渠村都是著名的历史文化名村。规划范围外的香山公园、八大处公园、法海寺公园与规划范围内的门城湖公园、新河带状公园共同构成了五里坨区域的面状旅游资源。

通过点、线、面三类游憩资源的叠加，得到场地内的基于“古逢今”策略改造更新范围。

将规划范围内生态保护、城市功能以及历史传承三方面的更新范围进行叠加最终得到本方案的综合改造更新范围。

综合改造更新范围
Comprehensive Renovation Update Range

4. 总体规划

基于上述分析，本方案提出了蓝绿网络、城市功能以及遗产廊道三方面的规划结构。

（1）蓝绿网络结构方面，以织补山水格局，重塑生态网络为目标，规划建设两面、一核、一带、多廊的规划结构。

两面：在规划范围两侧打造山、水两面

一核：在城市河流交汇处构建城市生态核

一带：在城市与山林交界处建设多处郊野公园，打造山城过渡带

多廊：通过构建多条生态廊道，串联山水两面，形成蓝绿网络结构

（2）城市功能结构方面，以推进产业转型，激活城市空间为目标，规划建设三区、两轴、两核的规划结构。

三区：指滨河活力区、乐享生活区以及康养休闲区三个城市功能区

两轴：依托废弃工业用地、铁路用地和现状旅游资源，打造文创产业轴、活力休闲轴

两核：通过结合三家店古村落以及工业遗产打造文创核与科技核

（3）遗产廊道结构方面，以串联文化遗产，构建游憩体系为目标，规划建设三线、多点的规划结构。

三线：依托历史文化名村、寺庙、历史遗迹、自然景观打造京西古道线、古香道线、“香八拉”健步线

多点：通过结合场地内的古建筑、古村落、古树名木打造三家店村、双泉寺等多处节点

规划后城市用地面积与现状相比：公共管理与公共服务用地增加 134hm^2；居住用地增加 113hm^2，其中一类居住用地占规划居住用地总面积的 36%；绿地面积增加 223hm^2，其中新增绿道 18km；林地增加 14hm^2。

通过对场地进行蓝绿网络规划、城市功能规划、遗产廊道规划，得出场地规划总图。规划中，工业用地性质部分转变为绿地，居住组团分布结构得到梳理，绿色开放空间显著增加，公共绿地系统功能完善。最终形成了绿网贯通、生态完整、三产发达、居住舒适的生态旅游绿色山城格局，实现了相逢山水地，居游城市间的未来愿景。

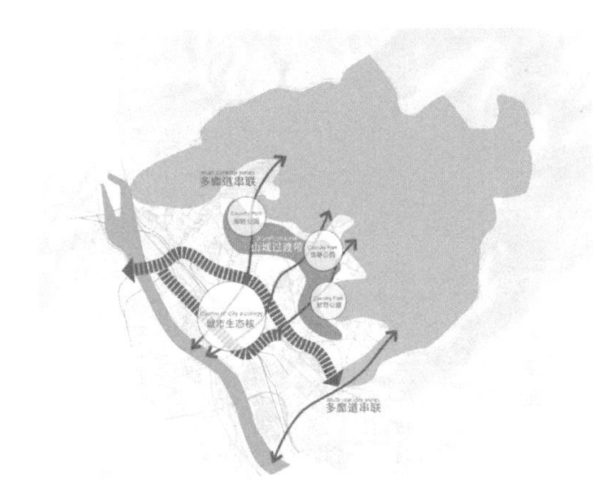

蓝绿网络结构图
Blue-Green Network Structure

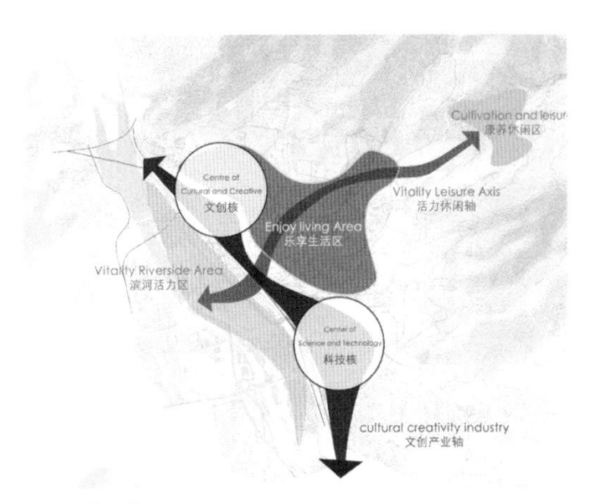

城市功能结构图
Urban Functional Structure

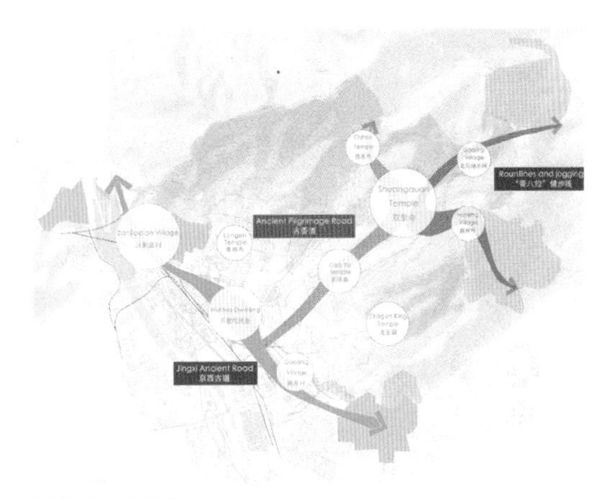

遗产廊道结构图
Heritage Corridor Structure

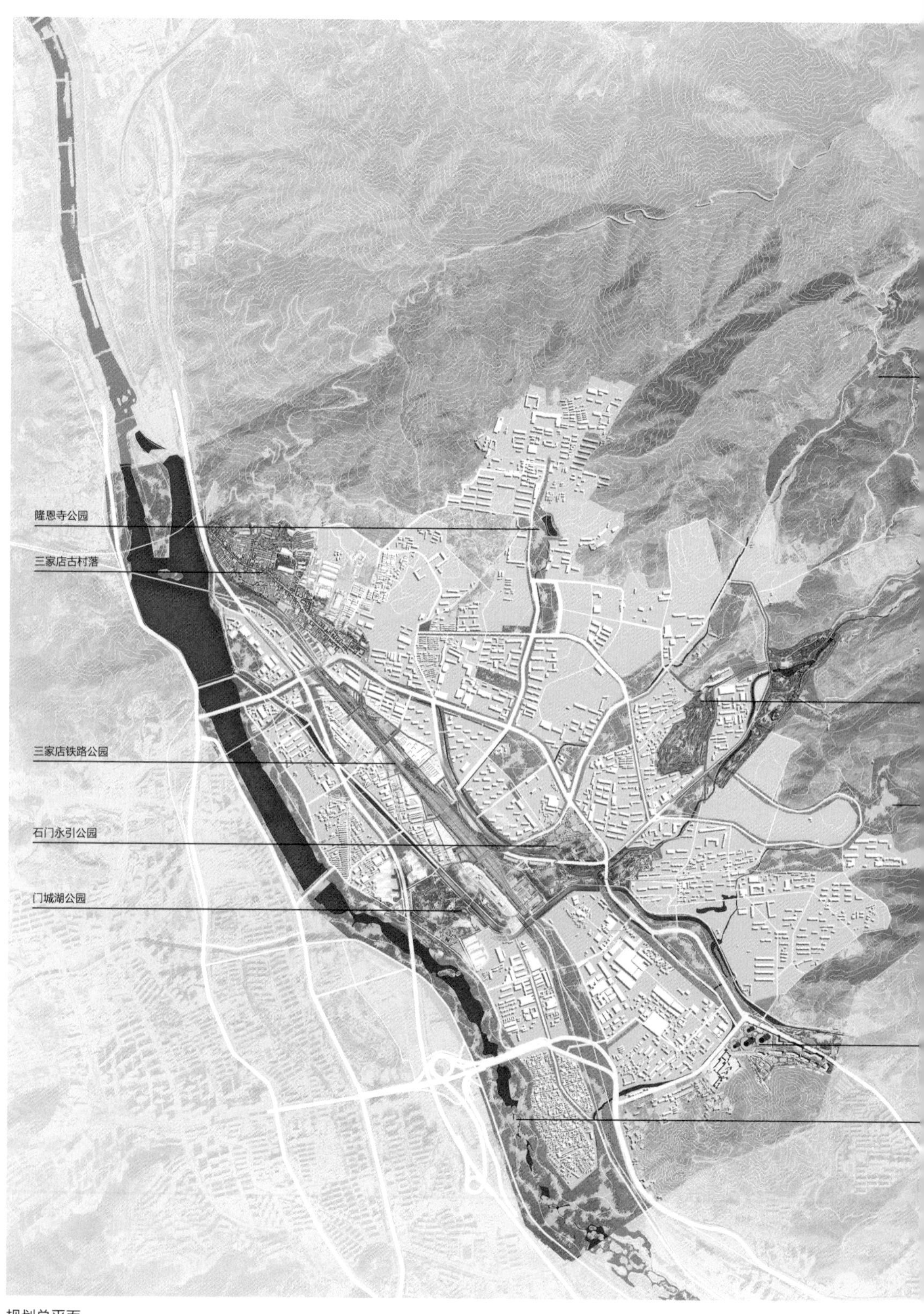

规划总平面
Master Plan

规划用地类型
Planning Land Type

5. 蓝绿网络规划

蓝绿网络规划中，对绿色空间体系重新进行了梳理，并将其归类为四种类型：

（1）改造林地：结合山区文化旅游线路对自然林地进行生态设计和植物规划的林地。

（2）防护绿地：将低品质防护绿地转化为公园，缓解铁路对绿色网络的割裂。

（3）自然林地：山区退住还林，林地完整性提升。

（4）公园与广场绿地：数量增多，功能增多，面积增大，点、线、面串联形成网络。

同时，本方案对规划范围内的植被进行了进一步的规划，将其分为濠濮间想、芦花浅水、花样都市、小镇闲情、绿荫信步、春和景明、溪山行踪以及枫林浸染 8 个特色鲜明的分区。

针对滨水空间，本方案将规划场地内的滨水空间分为滨水景观带、城市景观带、文化景观带以及山林景观带四种景观类型，营造独具特色的滨水景观。

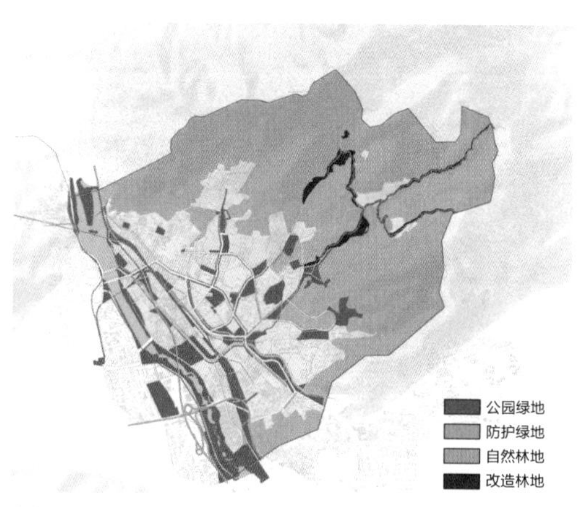

绿色空间体系规划图
Green Space Syetem Plan

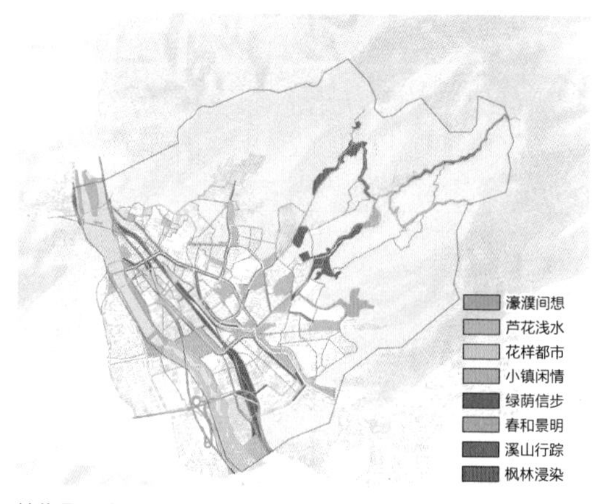

植物景观分区规划图
Plant Landscape Zoning Plan

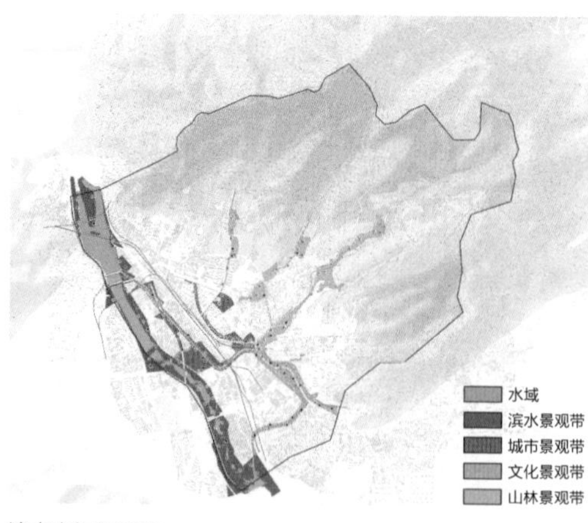

滨水空间规划图
Waterfront Plan

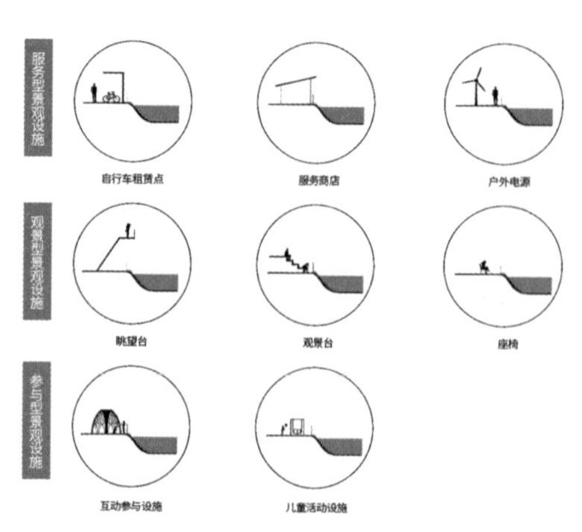

滨水景观设施剖面示意
Waterfront Landscape Facility Profile

6. 城市空间规划

城市空间规划包括城市开放空间规划与城市慢行系统规划两部分。依据潜力空间类型不同，本方案提出三个城市开放空间提升策略：

策略一：商住组团的提升。组织丰富的公共活动，丰富居民日常活动；提升商业步行街景观效果，满足多种景观需求；改善步行交通，提升商住组团连通性。

策略二：废弃铁道的重生。采取多种方式对废弃铁道进行改造利用，使之成为可以满足居民游憩、商业活动、隔声降噪等功能的场地。

策略三：桥下空间再利用。充分利用场地内高架桥下空间，通过设置停车场、桥下滑板场、休闲健身步道等设施，解决周边城市问题，满足周边居民日常活动需求，激活城市消极空间。

在城市开放空间规划的基础上，规划慢行系统的三条特色路线：生态游览线路、生活通勤线路以及休闲娱乐线路。沿每条线路合理安排公交车站和自行车停车站，实现慢行交通沿线全面覆盖。

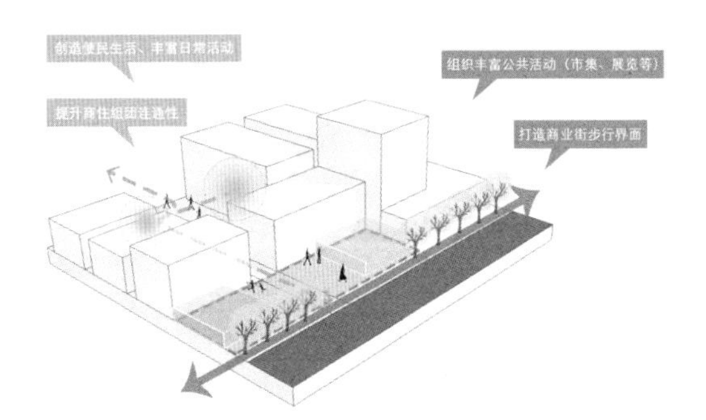

策略一：商住组团的提升
Strategy 1: Promotion of Commercial Groups

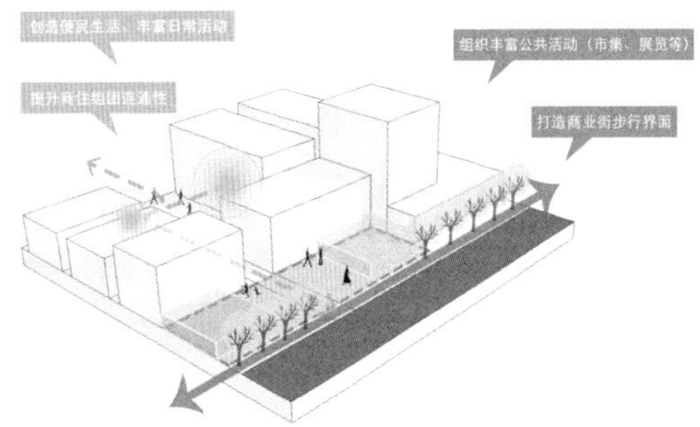

策略二：废弃铁道的重生
Strategy2:Rebirth of Abandoned Railways

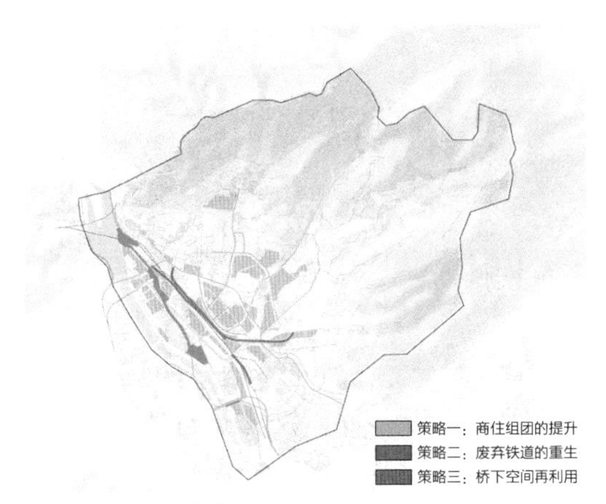

城市空间规划策略落位图
Urban Space Planning Strategy

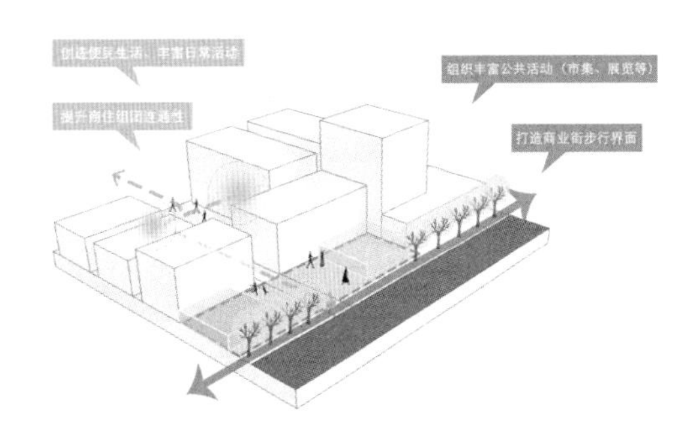

策略三：桥下空间再利用
Strategy3:Reuse of Space Under the Bridge

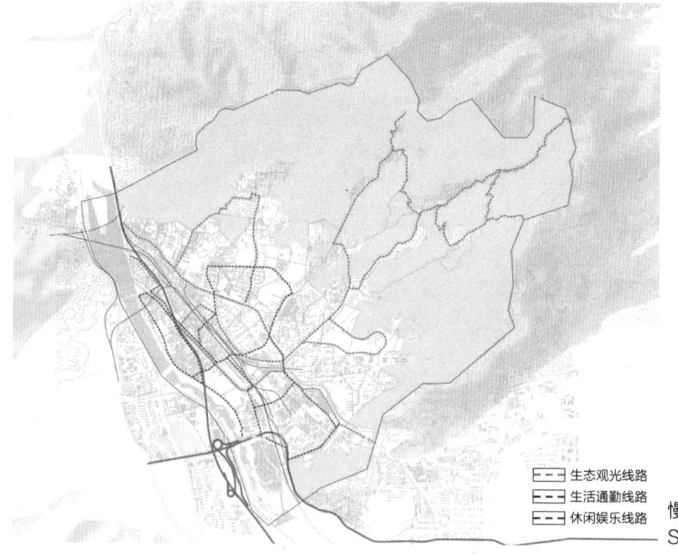

慢行道路规划图
Slow Traffic Route Plan

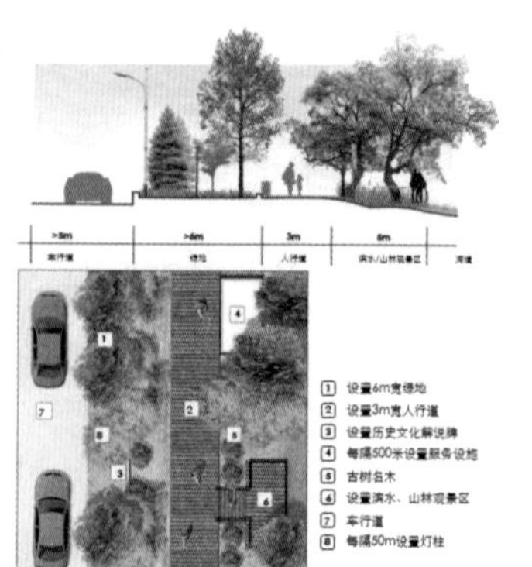

生态观光线路
Ecological Sightseeing Route

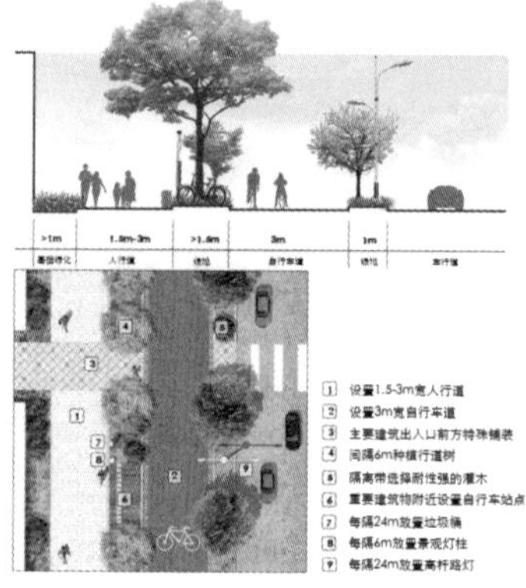

生活通勤线路
Commuter Life Route

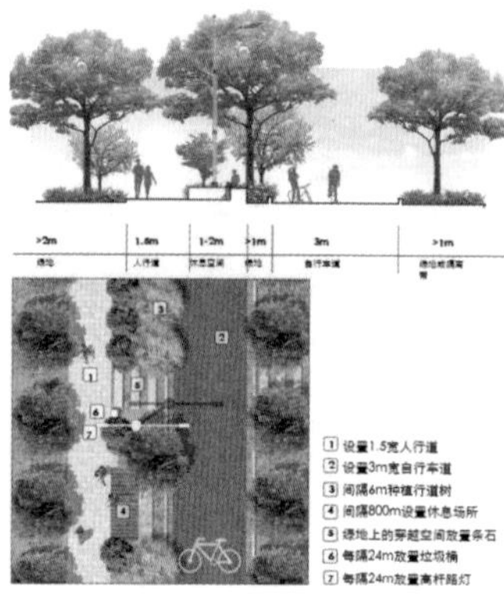

休闲娱乐线路
Leisure and Entertainment Route

7. 遗产廊道规划

遗产廊道规划主要针对规划范围内历史文化资源的保护与利用，提出构建遗产廊道、保护与更新历史资源点、古树名木的保护以及相关历史文化游憩活动策划等具体策略。

（1）构建遗产廊道：通过重建京西古道，形成串联起历史文化名村的历史文化线。通过建设古香道，形成净心修身的进香礼拜线。最后通过“香八拉”健步线的构建，串联起香山、拉拉湖水库以及八大处形成古迹连接不断的健身游憩线。

（2）保护更新历史资源点：通过拆除场地临街前的建筑，修复与加固现状结构，将城市交通与古建筑连接，在古建筑外围形成绿色空间，同时有效利用古建筑中的院落空间，使之成为交流集会场所。

（3）古树名木的保护：通过清除古树名木周围的垃圾、临建和电线，使得围绕古树名木形成公共空间。

最终，本方案将61hm^{2}工业用地与部分废弃供应设施用地转化为文创园区和科技园区，形成带动地区产业转型的生产力核心，吸引人才，创造就业机会，拉动经济增长。将破碎的211hm^{2}居住用地与部分待研究用地整合为商住组团、高档住宅与康养别墅区。激活邻里活力空间，打造永定河畔山环水抱中的宜居山城。

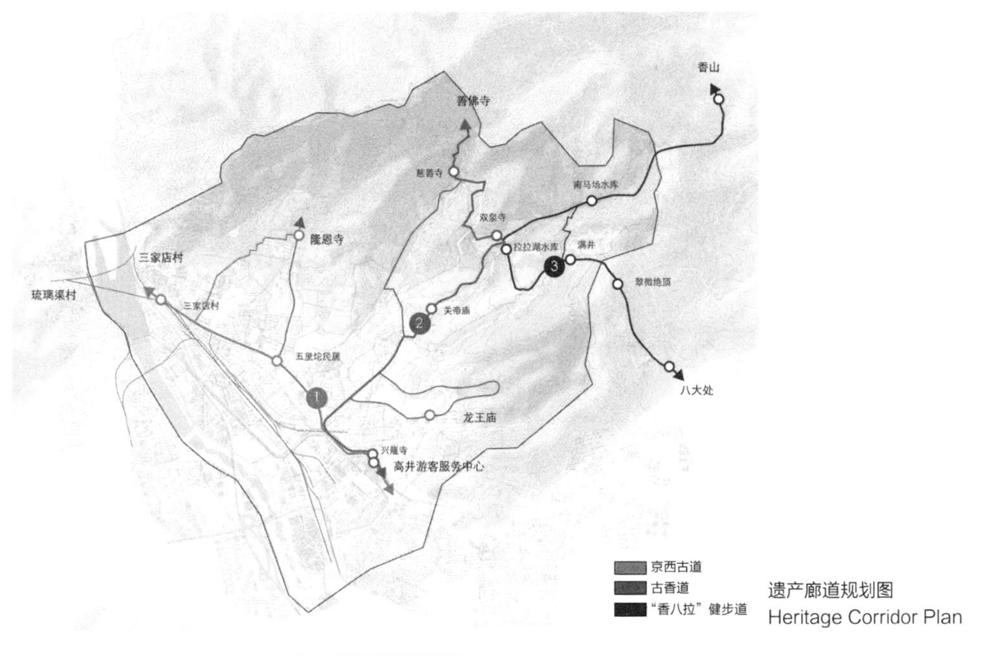

遗产廊道规划图
Heritage Corridor Plan

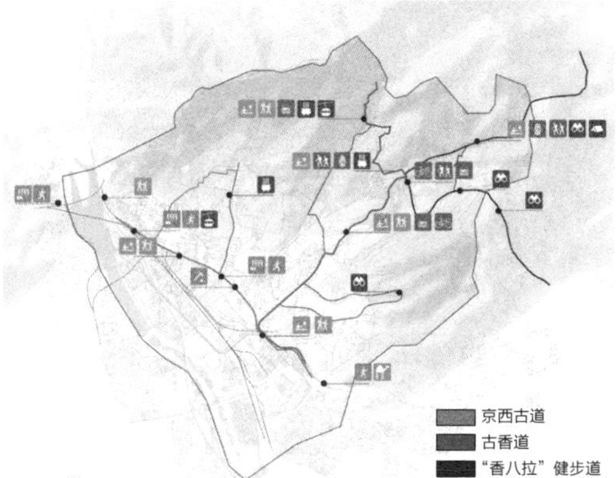

活动策划
Event Plan

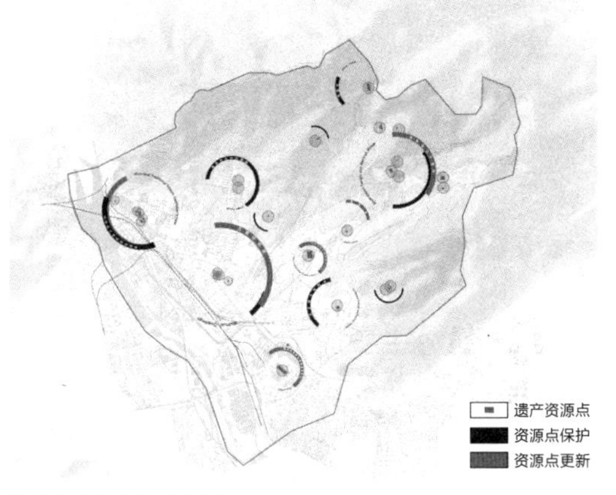

保护与更新资源点规划
Protecting and Updating Resource Plan

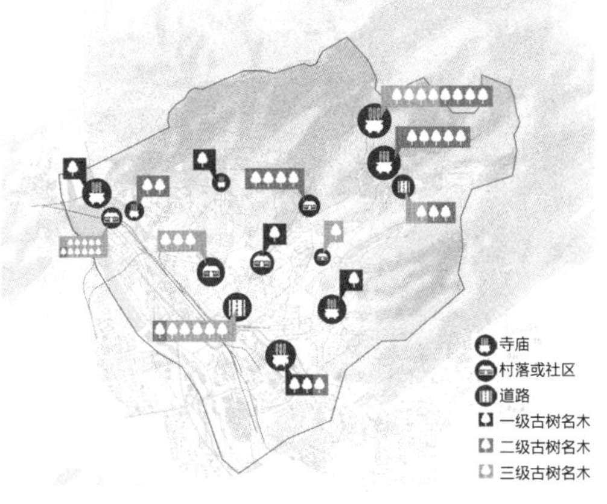

古树名木保护规划
Old and Notable Trees Protection Plan

规划方案三
“称”——“坨”
公平视角下的五里坨城山生态绿色空间规划

From the Perspective of Social Equity :The Strategic Plan on the Green Space of Hillside Area in Wulituo, Beijing

王婧、欧小杨、刘阳、倪永薇、林俏、施瑶
Wang Jing/Ou Xiaoyang/Liu Yang/Ni Yongwei/Lin Qiao/Shi Yao

鸟瞰图
Aerial View

五里坨区域是由小西山、永定河和城市用地共同定义的空间，不同的空间类型形成了多种尺度和氛围的城市－自然交界区域。

由于特殊的地理位置和近现代的开发建设，其优越的自然山水基底遭到了一定的破坏，场地被大量交通廊道所分割，形成破碎的消极空间，由此加剧了违章建筑、棚户区和废弃地的聚集，呈现出城市功能混乱、空间品质低下等问题。

该区域基础设施不完善，生活封闭的棚户区域与各类高层居民小区并存，同时区域内存在大量的非公共开放用地，现有绿色开放空间的数量与质量均较低，各个阶层的居民难以获得绿色公共空间的公平使用机会。

本规划方案结合北京市总规和五里坨地区现状，在保证五里坨浅山区生态涵养功能的基础上，通过优化生态空间格局，植入“汇”“导”“增”三项核心策略，促进公共空间与资源的合理分配，形成具有发展带动力的高品质绿色空间系统，推动区域社会公平。

1. 现状分析

场地特征——差异与割裂

（1）场地内高差大，空间类型丰富：场地是一块被山地、河流、城市共同定义的空间，规划范围内高差达到200m，不同的空间类型塑造出不同尺度和氛围的城市区域。

（2）空间要素复杂，空间割裂破碎、空间品质差异较大：规划场地内被多条河流、高架桥、铁路穿过，形成破碎的消极空间，违章建筑、棚户区、废弃地聚集，城市功能混乱、空间品质差。

（3）居民阶层差异、生活品质差异：由于城市发展和场地特质，规划场地内有较多村庄和棚户区，外来人口约占总人口的一半，居住密度高，基础设施缺乏，生活封闭。

2. 规划目标

在保证五里坨浅山区生态涵养功能的基础上，通过优化生态空间格局，促进公共空间与资源的合理分配，形成具有发展带动力的高品质绿色空间系统，促进区域社会公平。

（1）提高区域整体生态水平，构建蓝绿网络。

（2）完善绿地结构，从而引导城市结构与功能，促进公共资源公平合理分配。

（3）聚焦社会公正，规划中着重考虑弱势群体的需求。在棚户区未拆迁的时候，使居民生活品质得到显著提升。

（4）增加区域连通性，串联文化记忆与自然资源，提高区域整体性与认同感。

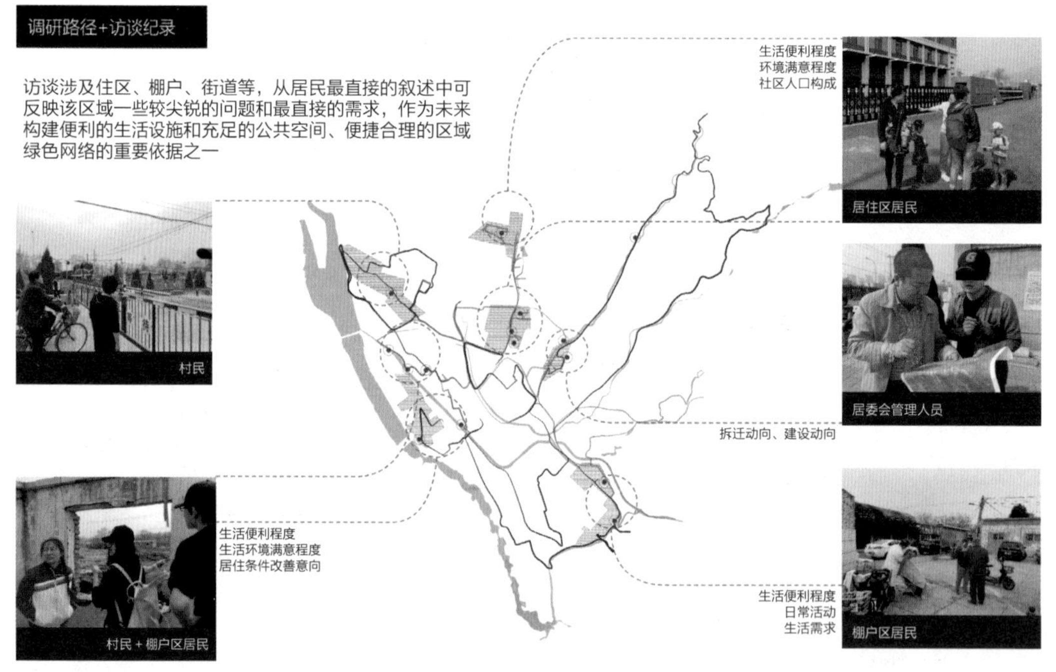

场地调研
Site Investigation

场地现状
Site Situation

3. 规划概念

空间公平 (Spatial Equity) 是通过供需的调整追求各空间单元之间对于设施资源的使用机会均等，是使居民到达基础社会公共服务设施的机会与能力均等，同时更加强调对于不同的目标群体与不同年龄群体都应能获得这种选择能力的机会 。公平理念下的交通体系，更注重和提倡城市公共交通系统，提高城市发展效率，提高交通可达性。

规划方案结合了北京市新总规要求和五里坨地区的现状。在保证生态保护功能的基础上，优化了生态空间格局，运用“汇”“导”“增”三种策略。核心目标是促进公共空间和资源的合理配置，形成具有发展和动力的优质绿地体系，促进区域社会公平。

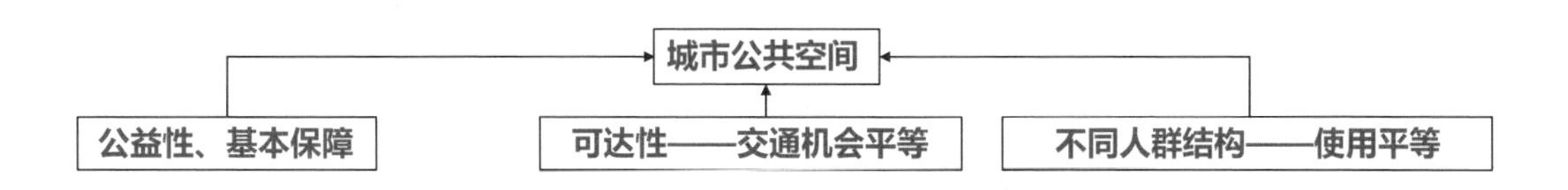

4. 潜力评估和安全格局的构建

绿地潜力的评估主要包括三方面，一是根据建筑密度分布判断拆改难度：建筑密度高区域基本为棚户区建设年限较久远的、有重建必要的建筑；二是根据容积率和建筑密度的叠加，对建筑密度高而容积率低的用地，予以较大的拆改必要性判断；三是根据建筑判断区域的城市风貌，对建筑质量较差、更新需求更大的用地予以更大的拆改必要性。

规划以现状山林地、河道、沟渠等自然资源要素为基础，经过地质安全格局、生物安全格局、水安全格局三个层面的分析，叠加形成规划区域的生态安全格局，作为构建绿色空间的基础。

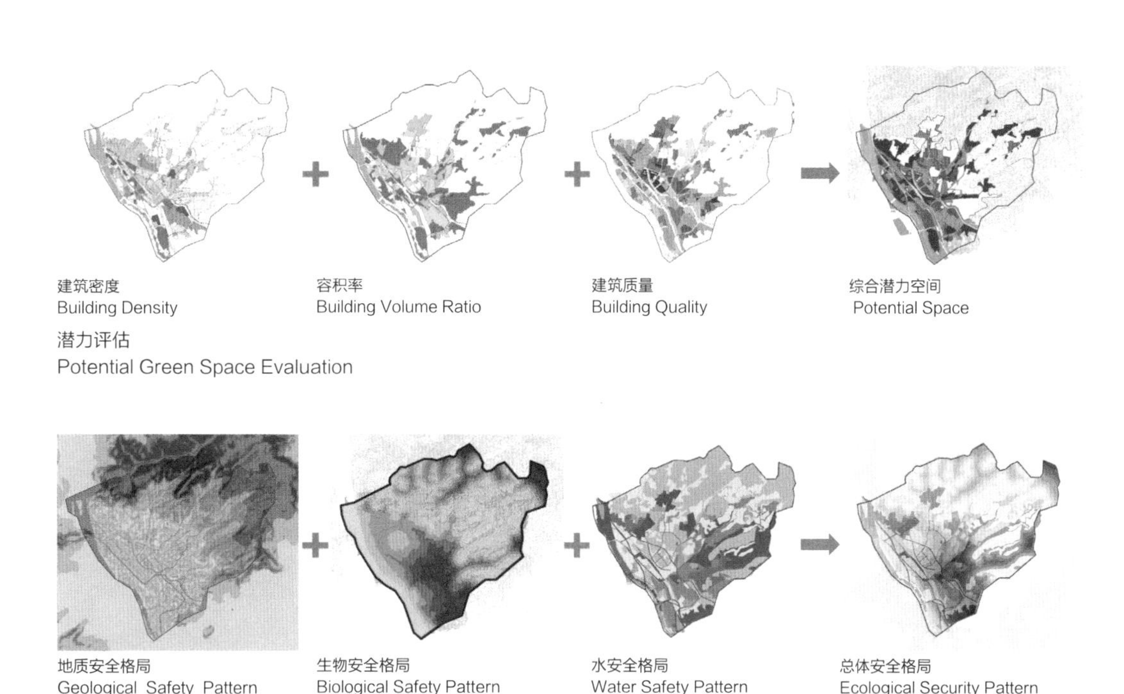

建筑密度 Building Density　容积率 Building Volume Ratio　建筑质量 Building Quality　综合潜力空间 Potential Space

潜力评估
Potential Green Space Evaluation

地质安全格局 Geological Safety Pattern　生物安全格局 Biological Safety Pattern　水安全格局 Water Safety Pattern　总体安全格局 Ecological Security Pattern

安全格局
Safety Pattern Construction

规划总平面图
Master Plan

5. 总体规划

（1）蓝绿网络：在雨洪安全脆弱区域设置雨洪安全关键绿地，限定浅山开发建设区域，恢复山林植被生物多样性，构建永定河及现有渠道的生态廊道，形成规划区域的水生态网络和森林生态网络。

（2）绿地与城市功能网络：通过“汇—导—增”策略，优化绿地空间结构，提升社会公平公益。

（3）慢行游憩网络：设置四种功能定位的绿道网络，优化现有城市道路布局。链接永定河和浅山，为城市居民提供城市、文化游览廊道。

规划后的绿色空间形成了“一屏，一核，双廊，四指”的结构。

（1）一屏——小西山浅山生态屏障，以生态资源的保育与适度利用为重点；

（2）一核——以生态绿核为中心，辐射带动形成城市公园群，塑造区域景观形象标杆并充分发挥生态核心功能；

（3）双廊——永定河综合生态廊道和黑石头沟自然生态廊道，作为生态框架涵盖主要的综合公园；

（4）四指——打破永定河与浅山区的隔离，以带状绿地串接两地，实现区域绿地资源的均匀分配。

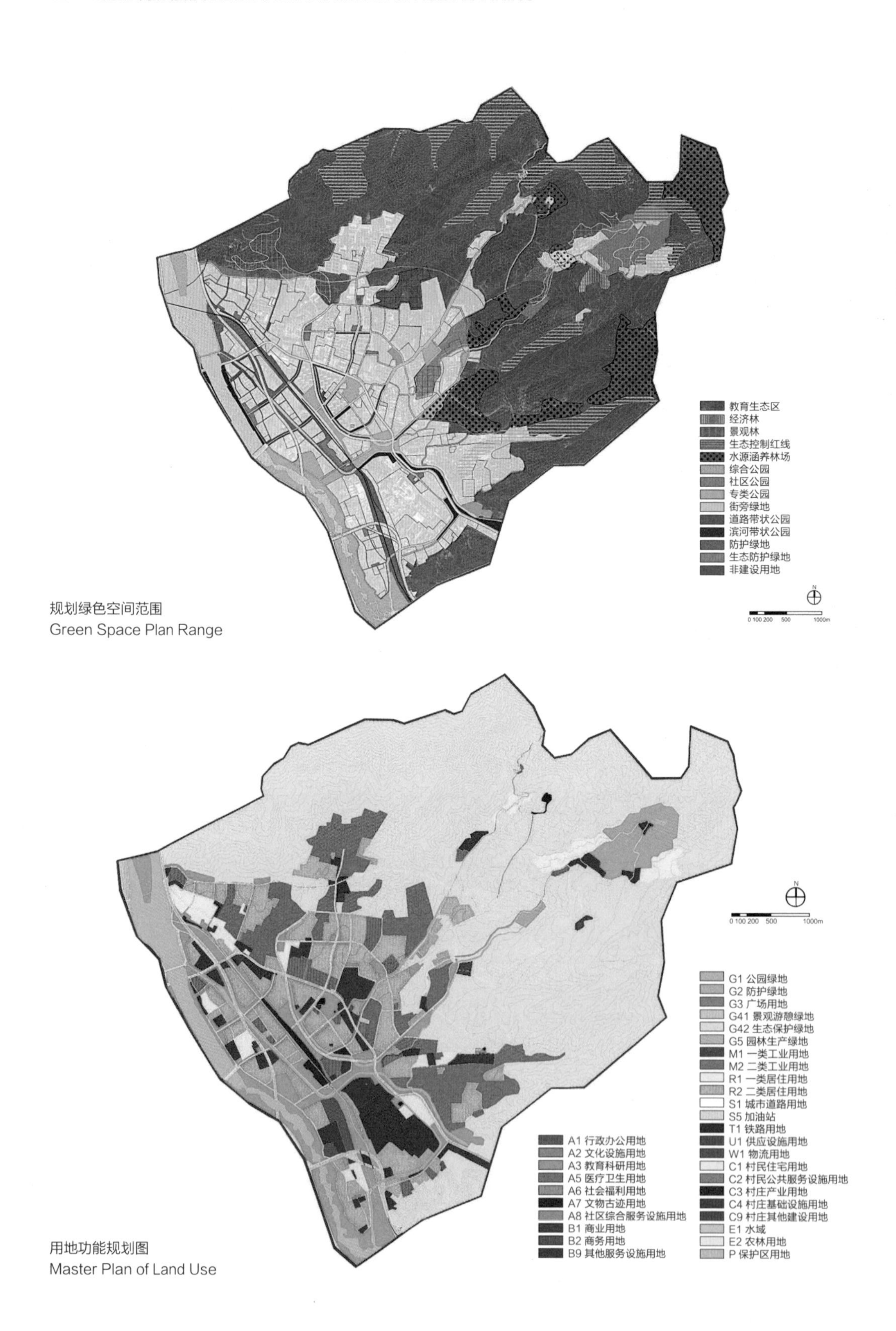

规划绿色空间范围
Green Space Plan Range

用地功能规划图
Master Plan of Land Use

6. 蓝绿网络的构建

基于以上的生态安全格局分析，开始了对该区域的生态框架进行建构，将蓝绿网络作为构建的基底，提出确定基本的生态网络的构建策略：

（1）首先是非建设区域的生态策略。根据上一步的生态安全格局以及需严格保护的文物古迹进行浅山建设开发区域的限定，包括生态红线的划定——即严格限制开发的林地，以及生态协调区、教育生态区；在此格局之上，考虑对浅山森林生态系统的修复，在现状侧柏混交林、经济林、少量油松林的基础上新增水源涵养林、生态涵养林和景观林，从而在生态安全的基础上实现以植被结构调整为主要方式的森林植被多样性恢复策略。

其中，水源涵养林的建立依据是根据森林储水量、雨水径流量以及当前水系与水库的位置进行划分，主要涵养南马场水库和黑石头沟的水源，增加黑石头沟东侧雨水的渗透与滞留量，涵养森林。

生态涵养林的建立主要根据生物安全格局结合浅山生态控制红线进行划定，对这些区域的植被恢复策略从植被的脆弱性和健康性出发，根据森林群落的指标得分和生态脆弱性评价，考虑多类脆弱度低的乔木混合种植，提高物种的多样性。

考虑用地和文物古迹分布得到的新增景观林主要分布在三家店村落、黑石头沟沿线至南马场水库之间，由于规划的农业示范区周边现状已有大量梯田状农田和经济林，因而新增经济林以加强联系。

（2）其次，考虑建立生态廊道以完善景观生态规划。建立以永定河为依托的综合型生态廊道和以黑石头沟为依托、串联浅山与城市的自然型生态廊道。

在各类生态廊道之上纳入水生态网络的构建，主要依据是分析得到的雨水生态安全脆弱区，建立不同尺度下的雨水管理措施，包括在坡度较陡的山体区域建立水体，起到蓄水和缓冲径流冲刷的功能；在三家店村北部等缺少排洪设施的区域，建立人工水体吸纳暴雨径流；街道尺度上包括下沉绿地、雨水花园、绿色屋顶等各尺度的实施手段；形成以雨洪安全为目标的关键绿地分布格局。

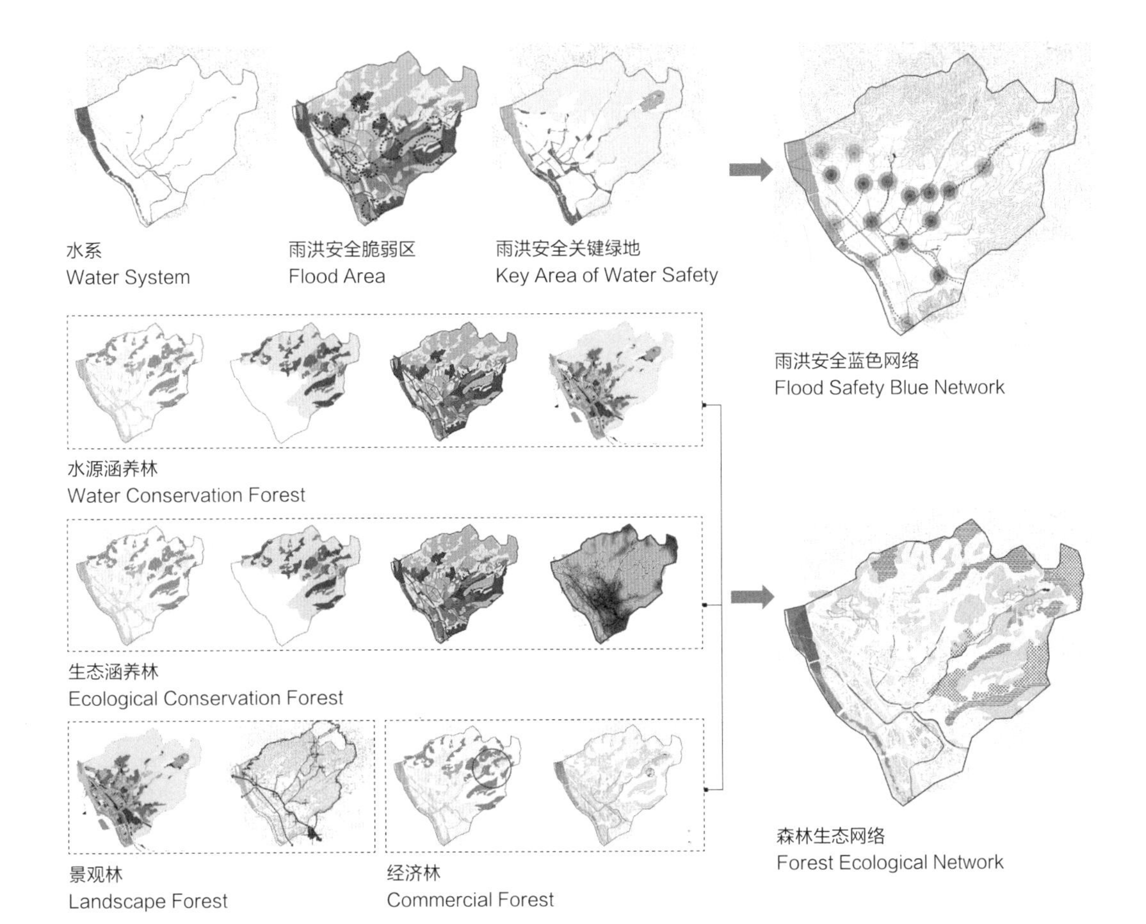

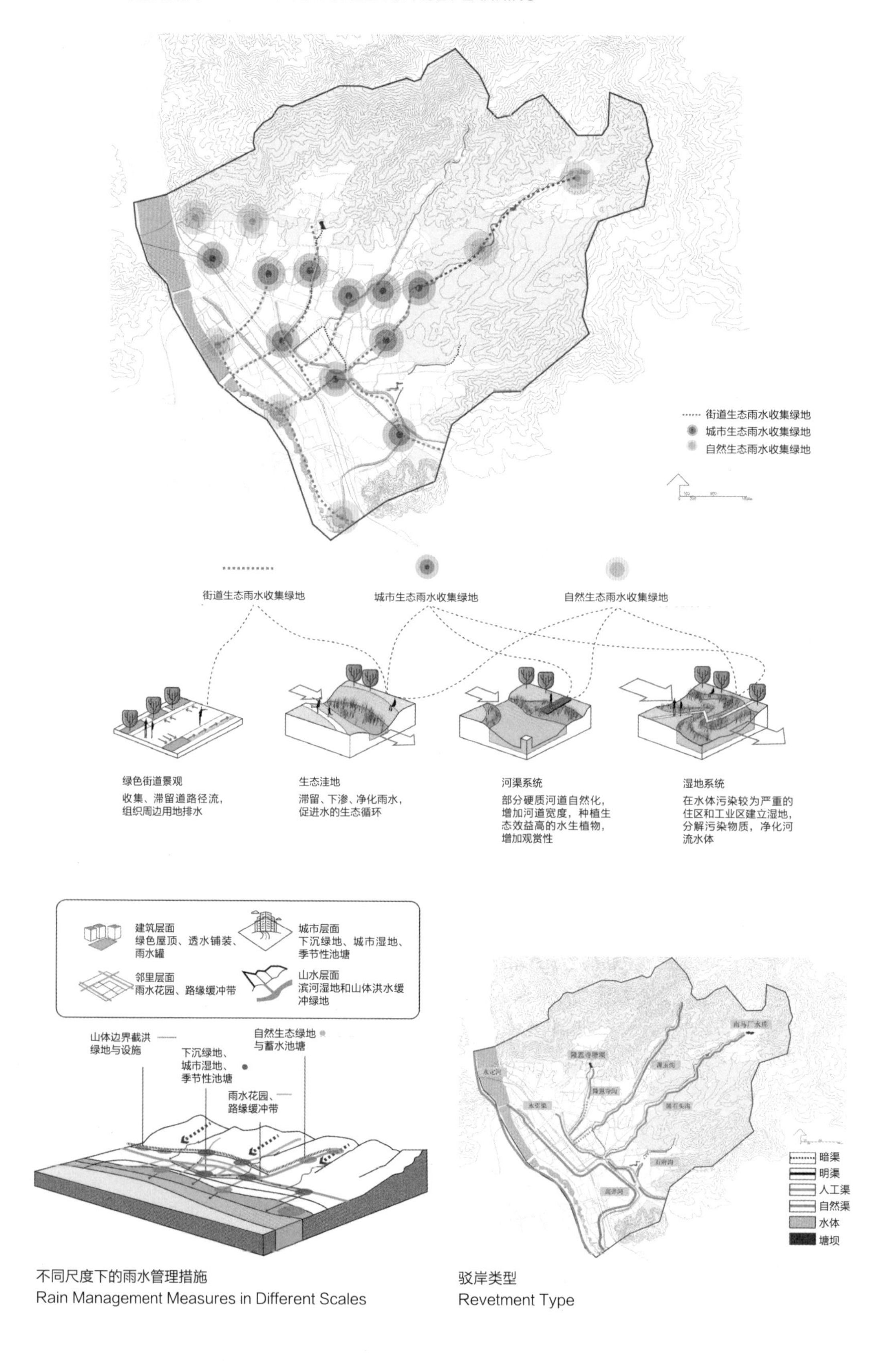

不同尺度下的雨水管理措施
Rain Management Measures in Different Scales

驳岸类型
Revetment Type

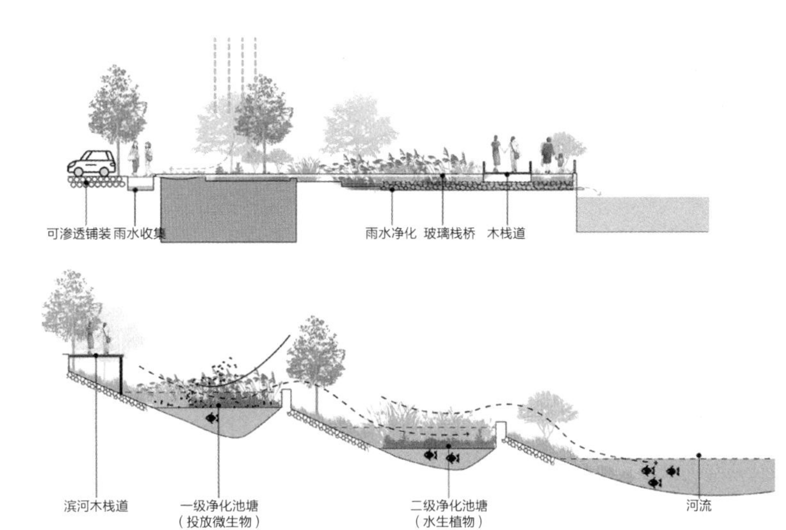

驳岸生态景观营造
Revetment Landscape Construction

水生态网络规划
Water Ecological Network Plan

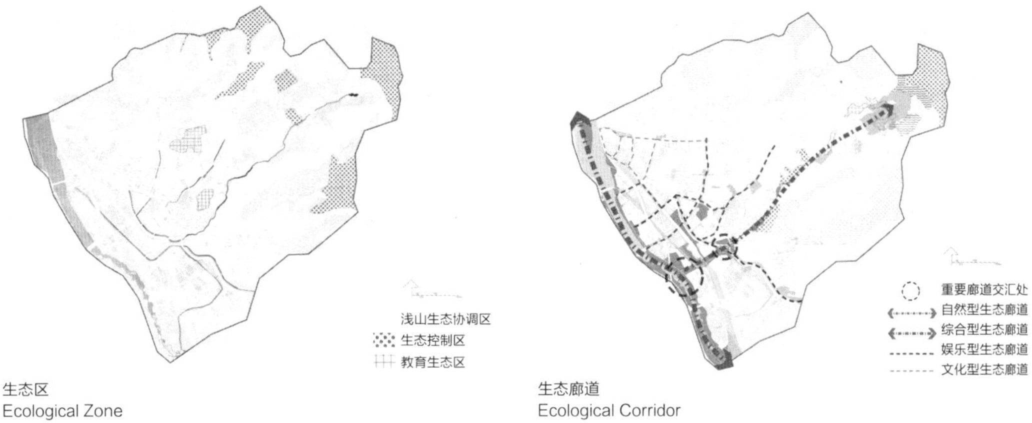

生态区
Ecological Zone

生态廊道
Ecological Corridor

森林生态网络规划
Forest Ecological Network Plan

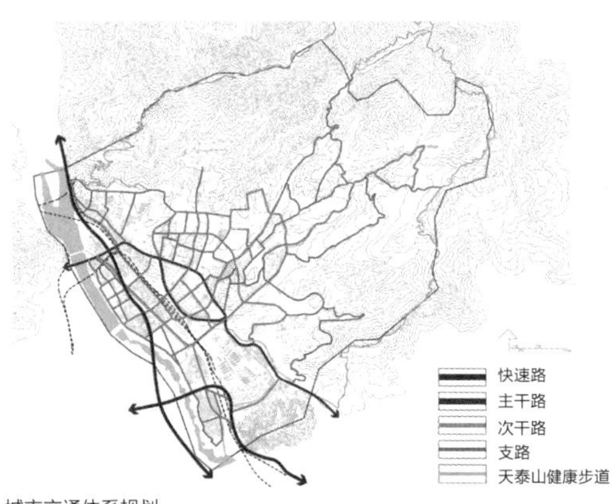

城市交通体系规划
Road Traffic System Plan

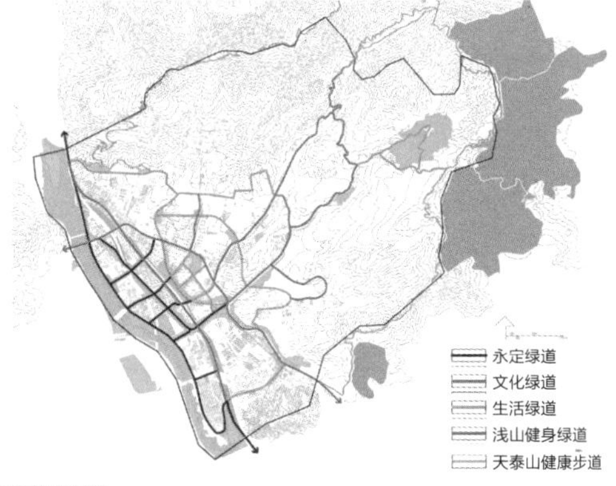

慢行游憩网络
Slow-Traffic System Plan

交通系统规划
Traffic System Plan

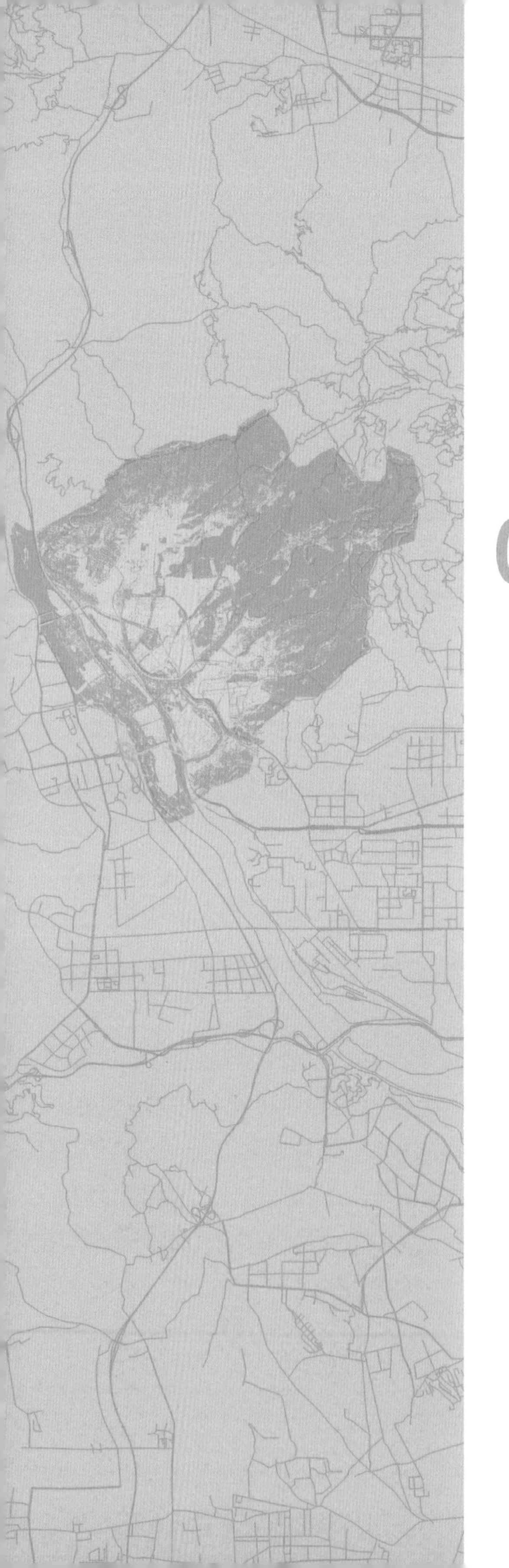

04 重点地块设计研究

RESEARCH ON KEY PLOT DESIGN

五里坨的特殊性与复杂性为设计带来了多样化的切入点。场地拥有优美的自然风光和大面积的生态林地，生态保护与森林游憩如何进行有机的结合？场地水系纵横交错，永定河与永引渠等河道的整治也已提上日程，在这一过程中城市绿地究竟扮演着怎样的角色？场地内分布着双泉寺、慈善寺等历史遗迹以及三家店村等古村落，文化积淀深厚，遗产保护与开发建设之间又该如何平衡？由于首钢的搬迁，大量工业遗产具有极高的更新再利用价值，如何利用工业遗产创造具有特色的公共空间？

在绿色空间规划研究的基础上，课题组成员提出了与规划定位、结构、功能相呼应，满足公共休闲、文化、生态等综合功能的城市绿色开放空间构想。本书选择了 16 个具有代表性的设计方案，覆盖了包括城市公园、滨河绿地、后工业景观、历史文化村落、生态郊野公园等在内的多种景观类型。

The particularity and complexity of Wulituo bring a variety of entry points for the design. There are beautiful natural scenery and large area of ecological forest land in this area. How to combine ecological protection and forest recreation organically? The water system of the site is crisscross, and the renovation of Yongding River and Yongyin canal has been put on the agenda. What role does urban green space play in this process? There are historical sites such as Shuangquan Temple, Charity Temple, and ancient Villages such as Sanjiadian Village. With profound cultural accumulation, how to balance the heritage protection and development and construction? Due to the relocation of a large number of industrial heritages have high value of renewal and reuse. How to use the industrial heritage to create characteristic public space?

Based on the research of green space planning, some schemes for the urban green open space are proposed, corresponding to the planning orientation, structure and function, meeting the comprehensive functions of public leisure, culture and ecology. This book selects 16 representative design schemes, covering a variety of landscape types including urban park, riverside green space, post industrial landscape, historical and cultural villages, ecological country park, etc.

总平面图
Master Plan

⑬
⑭
⑮
⑯
②
① 高井热电厂工业遗址公园规划设计方案一
② 高井热电厂工业遗址公园规划设计方案二
③ 永引公园规划设计方案一
④ 永引公园规划设计方案二
⑤ 三家桥至三家店车站段规划设计方案
⑥ 门城湖公园中段及周边用地规划设计方案一
⑦ 门城湖公园中段及周边用地规划设计方案二
⑧ 铁路与永定河旁绿地规划设计方案
⑨ 三家店村规划设计方案一
⑩ 三家店村规划设计方案二
⑪ 三家店东生态廊道设计方案
⑫ 三家店与五里坨公园环景观设计方案
⑬ 炮厂片区规划设计方案一
⑭ 炮厂片区规划设计方案二
⑮ 双泉村规划设计方案
⑯ 陈家沟村规划设计方案
100
500
0
200
1000m

高井热电厂工业遗址公园规划设计方案一

Industrial Heritage Park of Gaojing Thermal Power Design Plan 1

设计者：王子尧
场地面积：22hm^2
关键词：后工业、绿色空间、文创展览

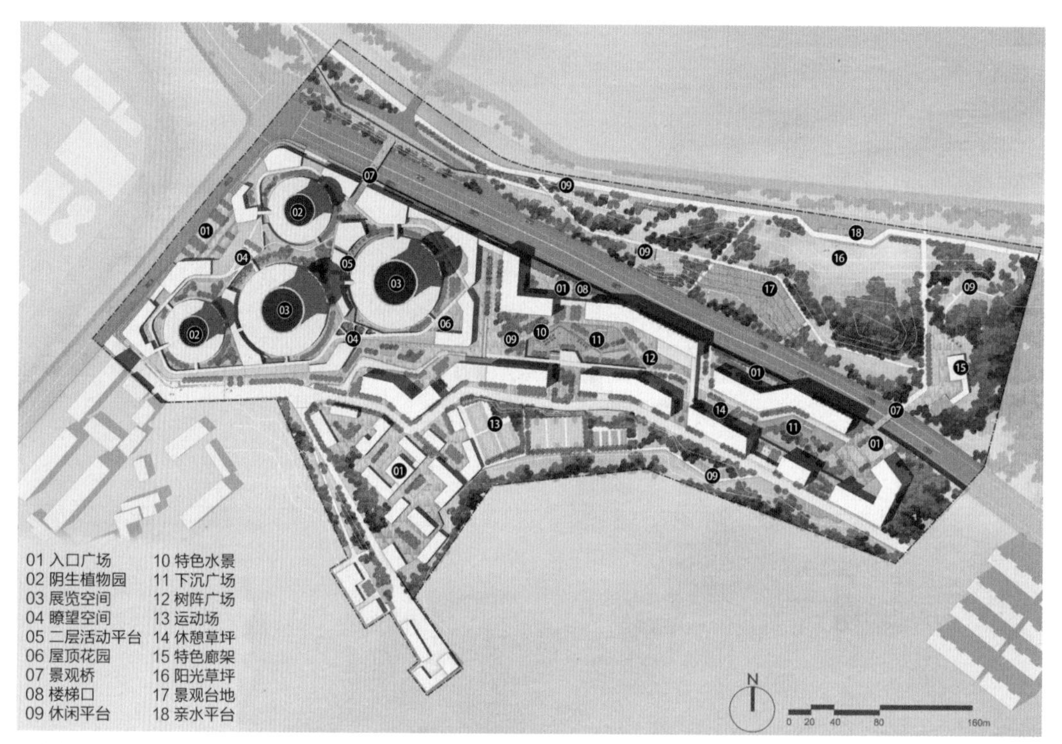

设计总平面图
Site Plan

1. 场地分析

设计场地位于规划范围东南侧，是从模式口进入五里坨的入口区域。根据前文的规划，以石门路为界，北侧将构建永引渠滨河绿带，形成连贯的绿色空间体系；在石门路的南侧，将整合现有的废弃工厂等资源，建立一条产业园轴带，以此激活城市的消极空间。

设计场地现有交通的布局对慢行交通缺乏考虑，场地多处被机动车交通割裂，道路两侧联系很弱，居民出行不够便捷。

设计场地竖向变化较为丰富，石门路从南至北逐渐抬升大约 5m，两侧城市用地从南至北逐渐下降大约 3m，且两侧城市用地始终较石门路高，形成了道路低、场地高的竖向布局。

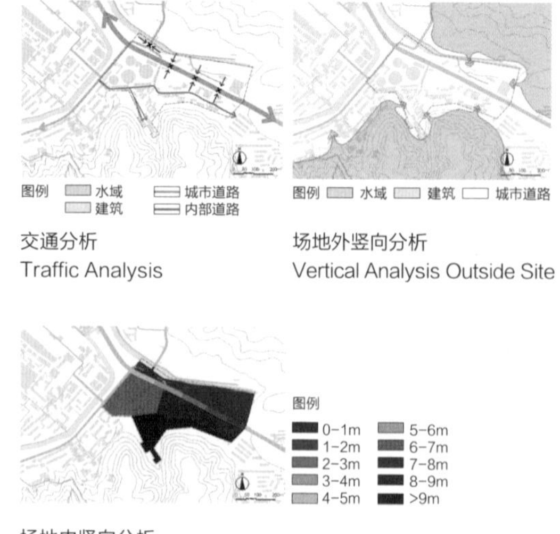

交通分析
Traffic Analysis

场地外竖向分析
Vertical Analysis Outside Site

场地内竖向分析
Vertical Analysis Inside Site

2. 设计策略

通过对现状的一系列分析，可以得出场地主要问题集中于以下三个方面：绿色空间品质差、城市功能待完善及以慢行交通不连贯。针对这三个现状问题，分别提出对应的解决策略：

策略一：打造开放的绿色空间。对不同区域采取不同的营造策略，构建多样化的开放绿色空间。

策略二：激活新的城市功能。依据场地自身条件，为各个地块赋予新的城市功能。

策略三：串联被割裂的城市与自然。在城市与自然两部分内形成各自的慢行体系，同时将两者进行串联形成连贯的慢行网络。

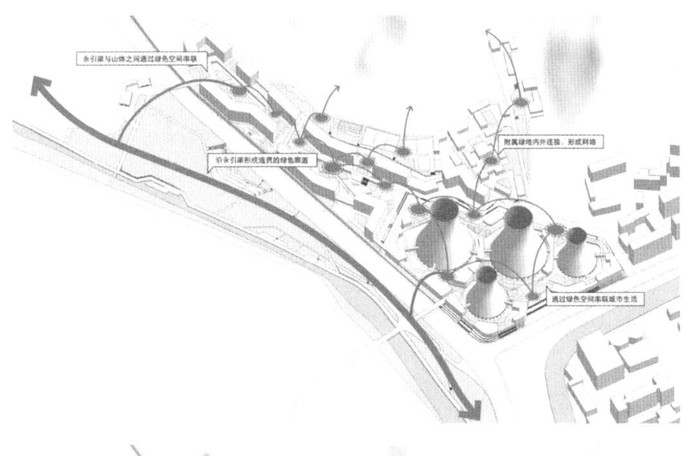

绿色空间分析
Green Space Analysis

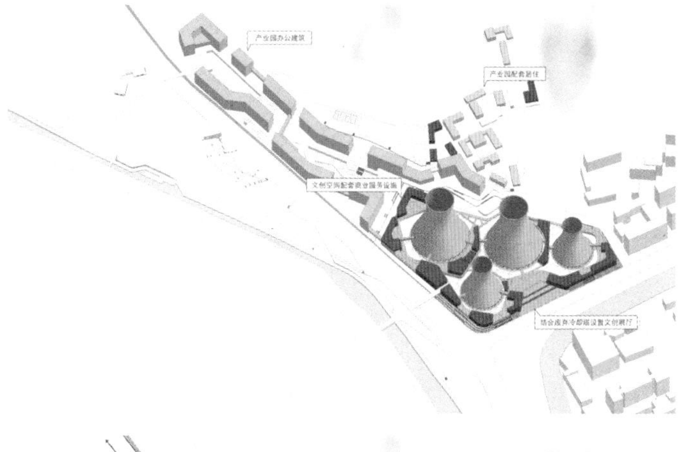

城市功能分析
Urban Function Analysis

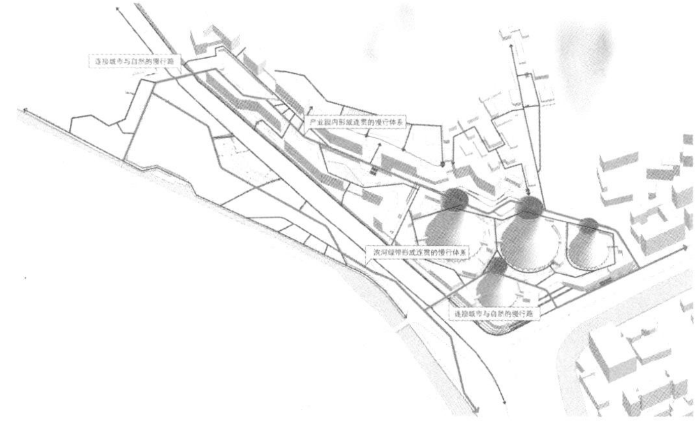

慢行交通分析
Slow-moving Traffic Analysis

3. 分区设计

将设计后的场地划分为滨水公园区、文创活力区、商业办公区以及产业园配套设施区四个功能分区。

其中滨水公园区位于石门路北侧，基于现状永引渠滨河绿带，进行优化改造。其余三个分区均位于石门路南侧，通过对现状废弃冷却塔以及周边棚户的改造，三个分区相互支撑，共同构成了新增的文化创意产业园，为高井地区的产业转型注入新的活力。

（1）滨水公园区：首先，针对现状滨河道路与水面高差过大的问题，采用部分路段下沉的方式增加滨河路与水面的联系。其次，对现状绿地内的棚户区进行拆除，改造为活动场地，并且架设步行桥与产业园联系，解决快速路和高差对场地两侧的割裂。同时由于北侧上升的高井路对滨河道路产生了严重的割裂，设计架设步行桥跨过机动车路段，使得滨河绿带在形成连贯体系的同时，也与冷却塔区块产生联系。

滨水公园区改造剖面 1
Waterfront Park District Reconstruction Section 1

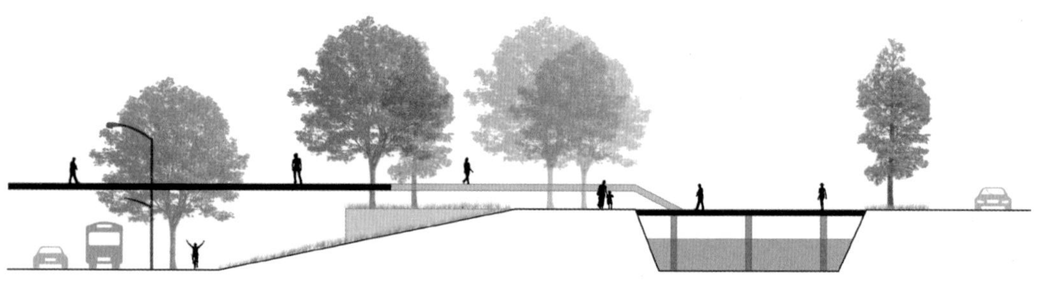

滨水公园区改造剖面 2
Waterfront Park District Reconstruction Section 2

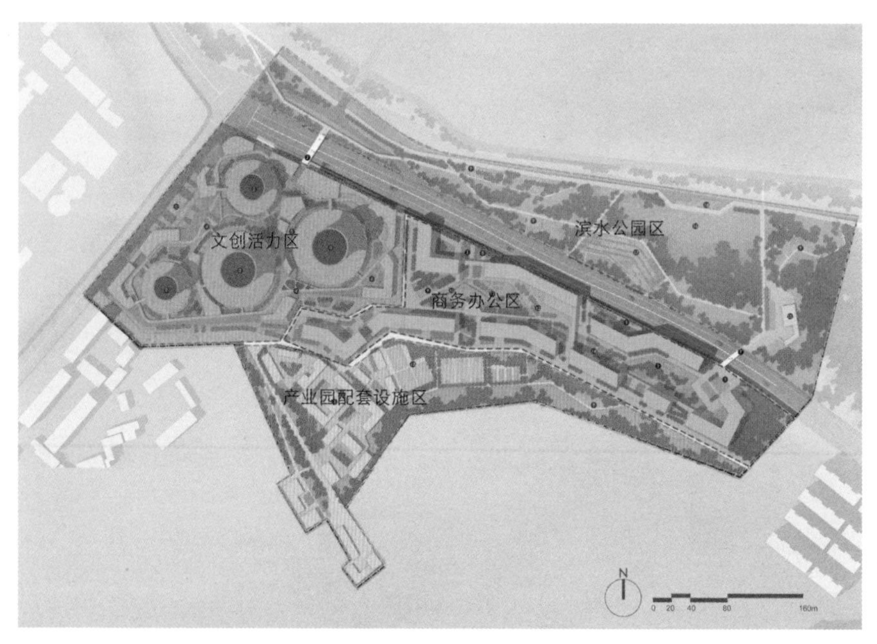

功能分区
Functional Zoning Analysis

（2）文创活力区：将废弃冷却塔改建，为其赋予新的城市功能，将其建设成文创商业综合体。考虑到冷却塔的巨大体量，在大型冷却塔内部植入建筑空间，用作文创展厅功能，小体量冷却塔内部改造为阴生植物园，冷却塔周边建筑主要功能是文创商业，一层通过建筑体量围合出一些广场空间，二层设计了一些商业服务建筑以及屋顶花园空间。二层平台既与冷却塔内部相连，也通过景观步行桥与北侧永引渠绿带相连，形成了连贯的慢行网络。

（3）商务办公区：对现状棚户以及其他废弃工业厂区进行改造，并且对建筑进行重新的布局，采用将建筑紧靠城市快速路、绿色空间设计在内部的布局方式以减少城市快速路对于场地的消极影响。同时利用整个区块内道路与产业园建筑的 5 ～ 10m 的高差，对建筑地下二层进行综合利用。

（4）产业园配套设施区：由于山脚地形复杂，且不适合建设高大建筑，因此对于此地块的设计策略为保留现有建筑肌理，同时对建筑进行适当的修缮与改建，使其功能置换为员工宿舍、运动休闲场地、餐饮服务建筑等产业园配套设施。

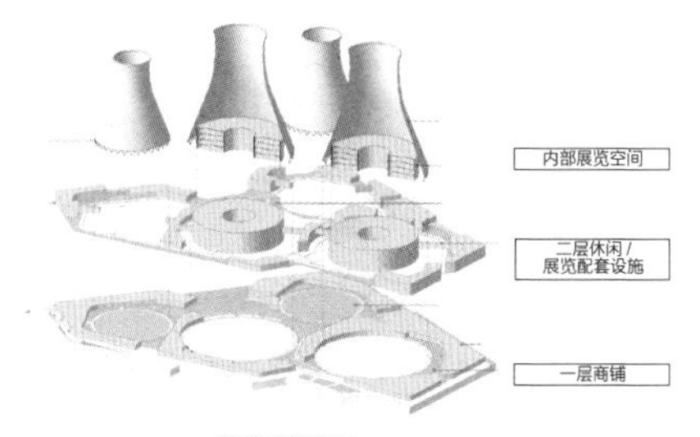

建筑功能分析

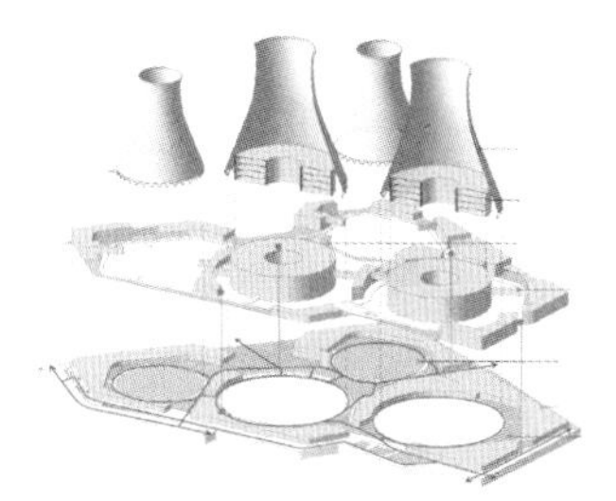

首层交通分析

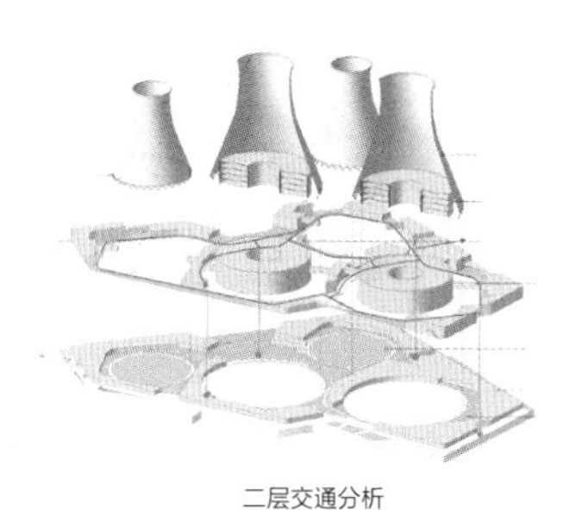

二层交通分析

冷却塔改造示意
Cooling Tower Reconstruction

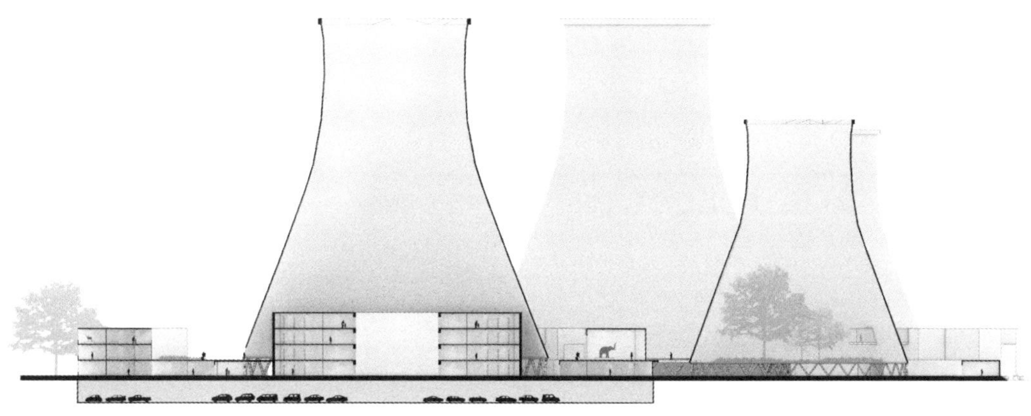

冷却塔改造剖面
Cooling Tower Reconstruction Section

滨水公园区效果图
Waterfront Park

滨水公园区效果图
Waterfront Park

文创活力区效果图
Cultural and Creative Zone

文创活力区效果图
Cultural and Creative Zone

商务办公区改造剖面
Business Office Renovation Section

商务办公区效果图
Business Office Zone

商务办公区效果图
Business Office Zone

产业园配套设施区效果图
Industrial Park Supporting Facilities Zone

产业园配套设施区效果图
Industrial Park Supporting Facilities Zone

鸟瞰图
Aerial View

高井热电厂工业遗址公园规划设计方案二

Industrial Heritage Park of Gaojing Thermal Power Design Plan 2

设计者：黄婷婷
场地面积：43hm^2
关键词：城市更新、绿色空间、海绵城市

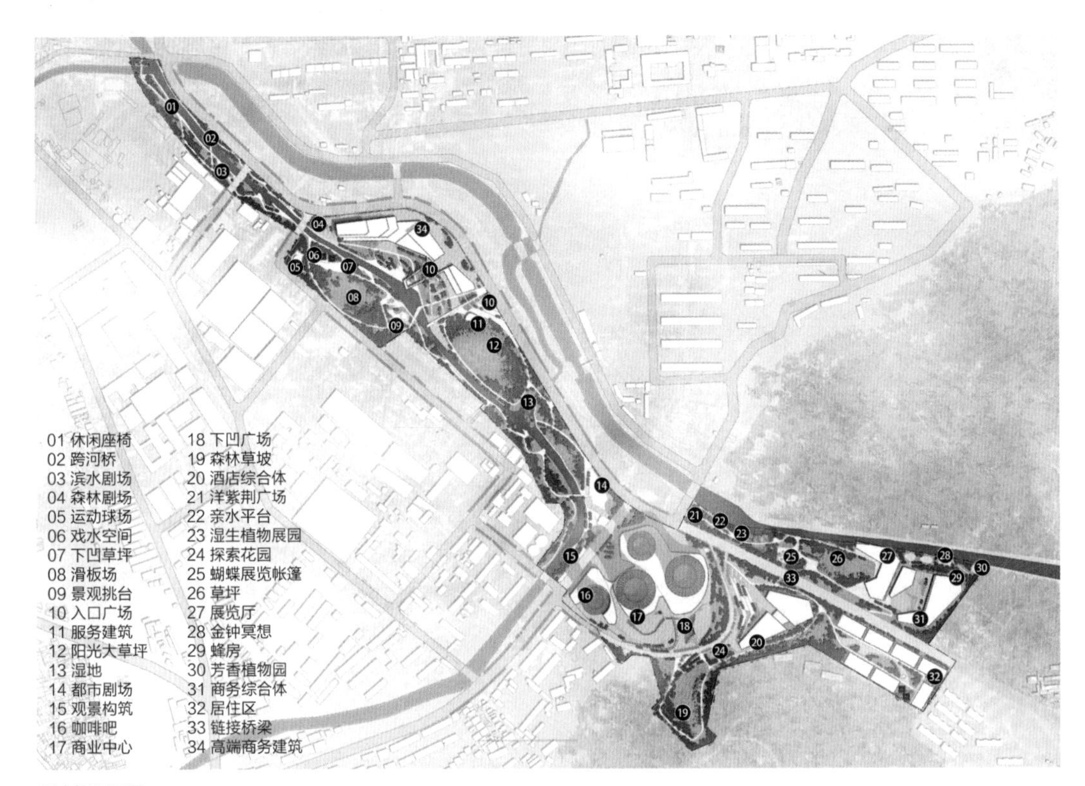

设计总平面图
Site Plan

1. 场地分析

场地总面积 42.69hm^2，位于规划范围东南侧，进入五里坨的必经之地，场地中石府路也是五里坨地区重要的城市主干道，这决定了场地作为五里坨的门户景观的重要性。

现状场地的主要问题有：（1）场地中最重要的高井河为承接山林汇水注入永定河，为季节性河流。高井河现状周边村民住宅建筑杂乱，河道污染严重，河岸破旧，亟须整治。（2）废弃凉水塔占据大量场地，虽暂时不具有实质使用功能，但却成为五里坨重要的历史记忆与地标；（3）现状场地中有大量破旧村民住宅，建筑质量低，基础设施缺乏；（4）城市景观破旧、杂乱。

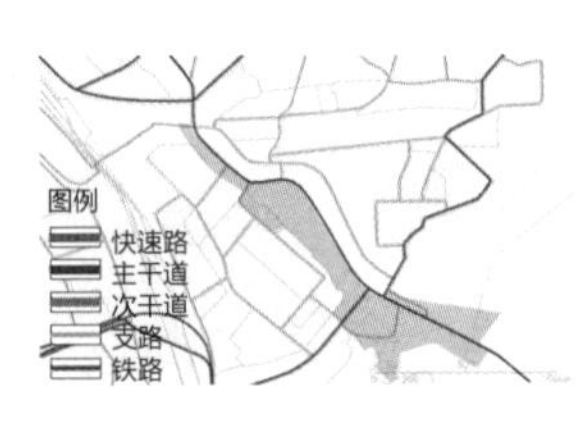

现状交通分析
Current Traffic Analysis

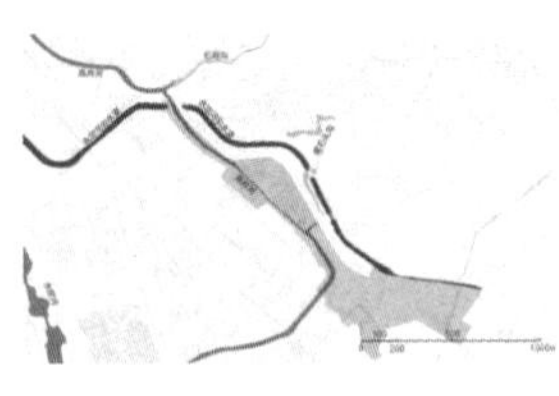
现状水文分析
Current Hydrology Analysis

规划活动类型分析
Activities Types Analysis

2. 设计策略

将场地定位为“打造生态休闲绿道，架构活力城市门户”，针对现状分析得出的 3 个问题，设计拟从以下角度出发来解决：

（1）针对如何形成完整的线性开放绿地结构与景观，应对错综复杂的交通问题，提出建造开敞城市绿色空间目标，将公园视为城市结构有机体，梳理出完整的带状公园空间结构和分区；

（2）针对如何满足公园使用功能，提供充足、多样的活动空间问题，提出提供多样化的公共休闲功能的目标。

（3）在面对处理山地沟渠排水与周边客水问题和地标性建筑——凉水塔的展示设计上，从“山—塔—城”“山—水—城”的角度提出打造景观地表的目的。

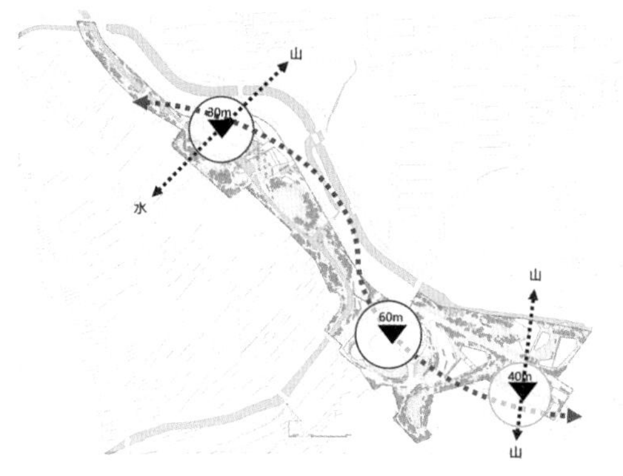

设计策略
Design Stradegy

3. 设计分析

本方案主要从种植、交通以及建筑三方面进行设计。其中种植设计分为商业广场、自然草坡、植物乐园、滨河林带、树林草坪和湿地种植六种模式，整体以乡土树种为主，因地制宜，体现五里坨地区的本土特色；此外，结合场地的活动设置、功能需求、光照条件，最大限度发挥植物的观赏性。

交通方面依托对于现状城市交通的梳理，构建三级慢行系统，并且通过景观桥连接石门路两侧绿色空间。在此基础上对于自行车线路进行进一步规划：通过慢行系统主路、过境机动车道、景观人行桥，下穿非机动车道保证自行车在东西和南北两个方向均可顺畅穿行。同时，设置自行车驿站 5 个。主要解决附近居住区以及公交站点周边的使用需求。

建筑设计包括场地中的观景平台、城市客厅以及景观构筑物。通过整合商务办公、艺术展示、居住等多种功能需求，同时结合场地现有的优良自然条件，对建筑形态、高度，以及朝向进行布局与设计，达到“临山，傍水，宜城”的效果。

种植模式 1：商业广场
Planting Mode 1: Commercial Plaza

种植模式 2：自然草坡
Planting Mode 2: Natural Grass

种植模式 3：植物乐园
Planting Mode 3: Botanical Paradise

种植模式 4：滨河林带
Planting Mode 4: Waterfront Forest

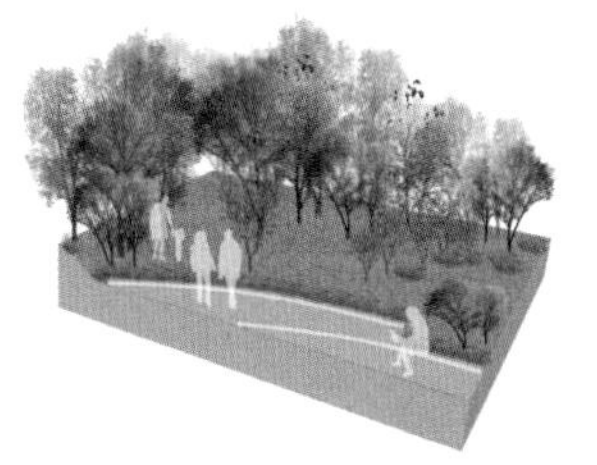

种植模式 5：疏林草坪
Planting Mode 5: Open Lawn

种植模式 6：湿地种植
Planting Mode 6: Wetland Planting

交通分析
Traffic Analysis

城市交通分析
Urban Traffic Analysis

交通服务设施分析
Traffic Facilities Analysis

4. 分区设计

顺应场地原有特征，将设计后的场地划分为 3 段 8 区，自西往东分别是：生态滨河带、城市客厅带、休闲生活带三段；滨水公园区、高档商务区、滨河中心绿地区、文化康体区、综合酒店区、居住区、植物乐园区以及商业办公区 8 个功能分区。

其中生态滨河带位于场地西侧，首先对城市排水河道高井河进行生态改造，形成优美的河岸景观；其次以商务区建筑为中心，结合周边绿地，在成为人流聚集点的同时，利用宽大平台，看山看塔；最后利用场地与黑石头沟的交叉水系，形成良好的湿地净化区，使场地流出的水系清洁。

城市客厅带保留原有凉水塔构造，打包成结合新建筑形成建筑组团，为城市人群提供文化展廊、会议、商业等功能；在雨洪管理方面，利用下沉广场收集广场水，形成水景；在活动策划方面，结合时节，形成快闪广场、巨幕荧屏、跌水下沉广场等活动空间。

休闲生活带打造以游赏科普为主的植物园，吸引周边居民；居住建筑为六层小楼，并配套儿童活动场地与运动场；商业办公区建立在山坡上，利用地势优势，可观远景，形成山一水一城的良好视线，打造高端商业办公区。

分区设计
Zones

入口广场
Entrance Square

弧形坡道
Arc Ramp

城市剧场
Urban Amphitheater

文化展廊
Cultural Gallery

树荫广场
Tree-shade Plaza

滨河广场
Riverside Square

综合办公楼
Office Building

鸟瞰图
Aerial View

永引公园规划设计方案一

Yongyin Park Design Plan 1

设计者：樊柏青
场地面积：36hm^2
关键词：城市绿廊、商业景观、综合公园

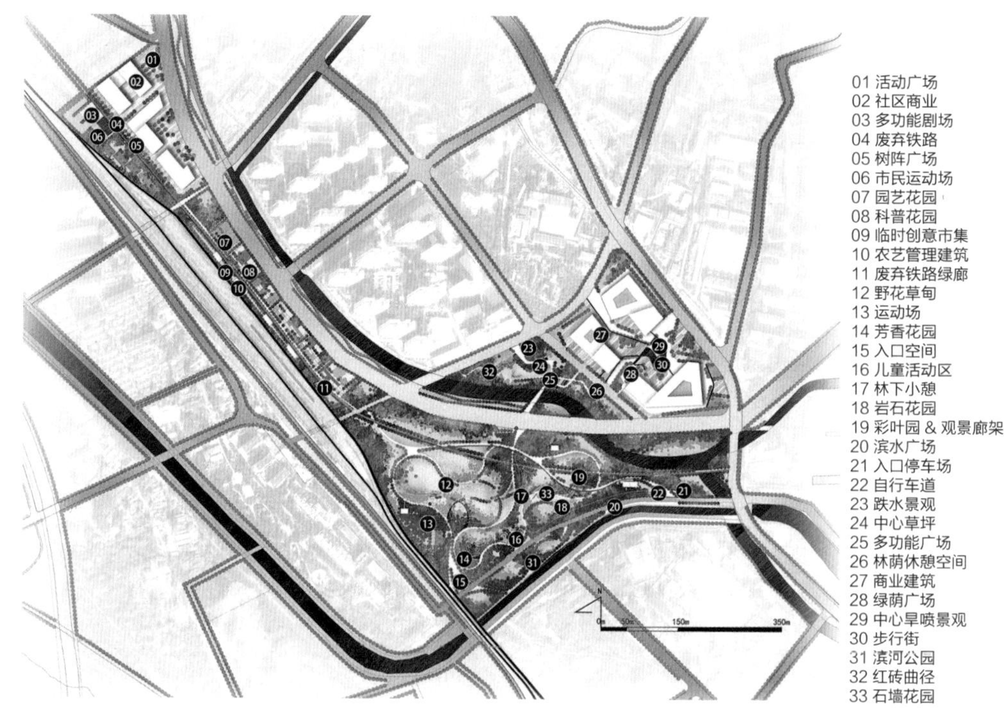

设计总平面图
Site Plan

1. 场地分析

设计场地位于京门线东侧，北至京西景园小区、南至永引渠、东至石门路，面积 35.5hm^2，其中绿地面积约 21.87hm^2。设计场地在上位规划中位于生态生活综合绿心、永引渠生态涵养绿带与城市绿廊交叉点，在生态结构规划中承担着生态踏脚石的功能；场地中的五里坨综合公园处于文化空间规划布局的重要节点。

设计地块在上位功能分区规划中处于城市生活服务区内，场地周边规划有一、二类居住和商业用地，承载着服务周边居民休闲娱乐需求的重要功能，地块周边规划路网连通性高，公交站点密布，可达性良好。场地独有的优势使其定位成为品质较高的公园绿地。

场地周边人群复杂多样，以居民为主，同时有少数参观文物古迹的游客。绿地在满足周边人群的使用需求的同时具有生态、文化保护的作用。通过对现场周边居民的采访，老旧民居处的居民表示：“希望搬进楼房，渴望便利的生活。”而新建居住区的居民则表示：“虽然楼房的生活更加方便，但怀念以前和街坊邻居在平房一起居住的生活。”

场地现状
Site Status

2. 设计策略

本方案的设计结构为一廊串联三点，以多样化空间激活社区活力。

（1）空间体系营造方面，以废弃铁路绿廊为连接介质，从东向西串联社区级商业中心、五里坨商业中心以及五里坨综合公园。通过优化商业用地空间、增加社交空间和公园绿地等具体策略，打造了五里坨城市综合绿色空间体系。

（2）植物设计方面，商业主导型绿地以展示城市新形象为主，采用规则式种植，打造结合场地设施的种植空间；以 50m^2 为一个种植单元分给周边居民租赁并由专人管理，搭配生产性树种，营造农艺花园绿廊。选择海绵绿地和自然草甸景观打造五里坨综合公园。

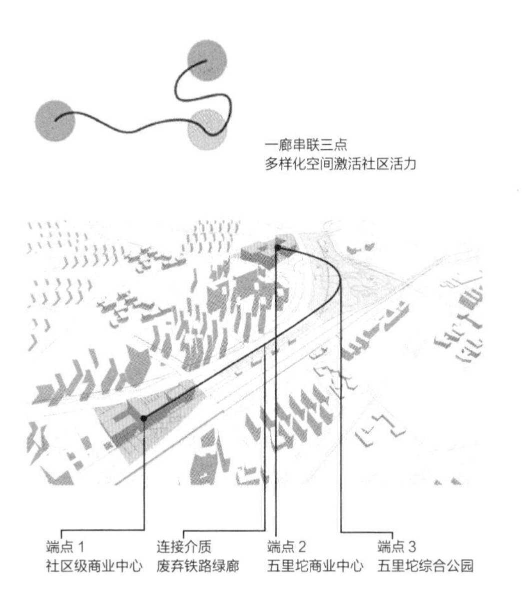

设计策略结构
Design Strategy Structure

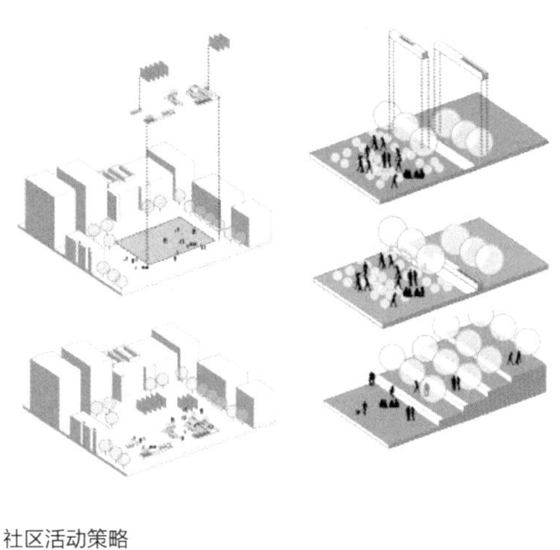

社区活动策略
Community Activity Strategy

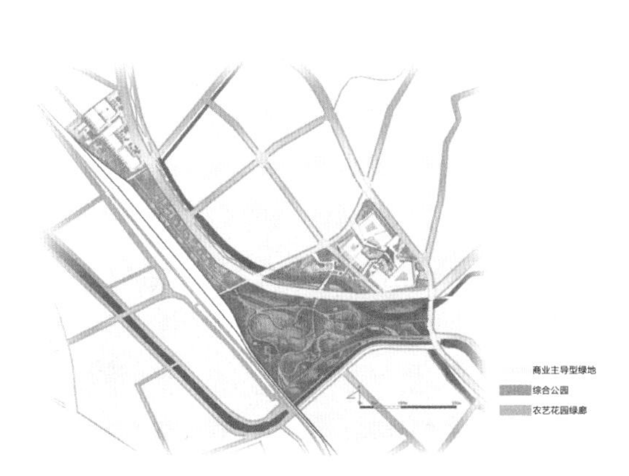

种植空间分析
Planting Space Analysis

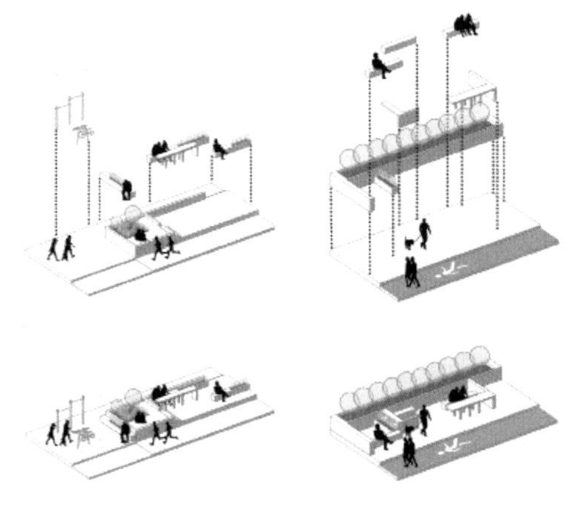

慢行空间策略
Slow Traffic Space Strategy

3. 设计分析

设计场地通过对现状资源的整合，根据周边用地调整、融入了新的功能，并保留了场所文化与记忆。通过社区商业中心、废弃铁路农艺绿廊、五里坨综合公园、五里坨中心商业区绿地的设计，为五里坨的核心区域注入新的活力。

根据现状空间情况，拆除老旧民居，改造提升为新的社区商业中心，并形成相应的社交空间及绿地，提升了街道风貌；同时在废弃铁路的基础上，结合市民活动，串联绿地空间，并且依托现状废弃铁路周边居民自发性的种植蔬菜这一行为，将现状废弃铁路改造为农艺绿廊；通过设计五里坨综合公园对现状永定河驳岸进行改造，增加亲水空间。

设计后的场地，将服务于周边居民及工作人士，并吸引更多人群，让五里坨地区成为浅山区新的发展活力地带。

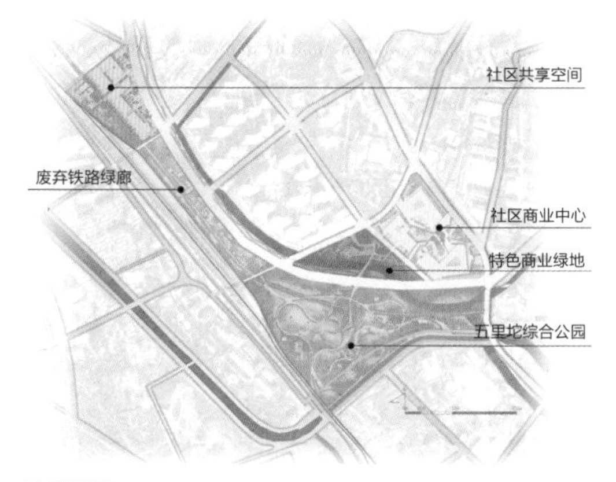

功能分区
Functional Zoning Analysis

农艺花园效果图
Agricultural Garden

社区运动场效果图
Community Stadium

观景廊架效果图
Viewing Gallery

铁路绿廊效果图
Railway Green Corridor

儿童活动区效果图
Children's Playground

五里坨中心商业区效果图
Wulituo Business Center

社区商业广场效果图
Community Business Square

旱喷景观效果图
Fountain Square

鸟瞰图
Aerial View

永引公园规划设计方案二

Yongyin Park Design Plan 2

设计者：冯玮
场地面积：39hm²
关键词：厂房改造、居住区公园、商业广场、废弃铁路景观

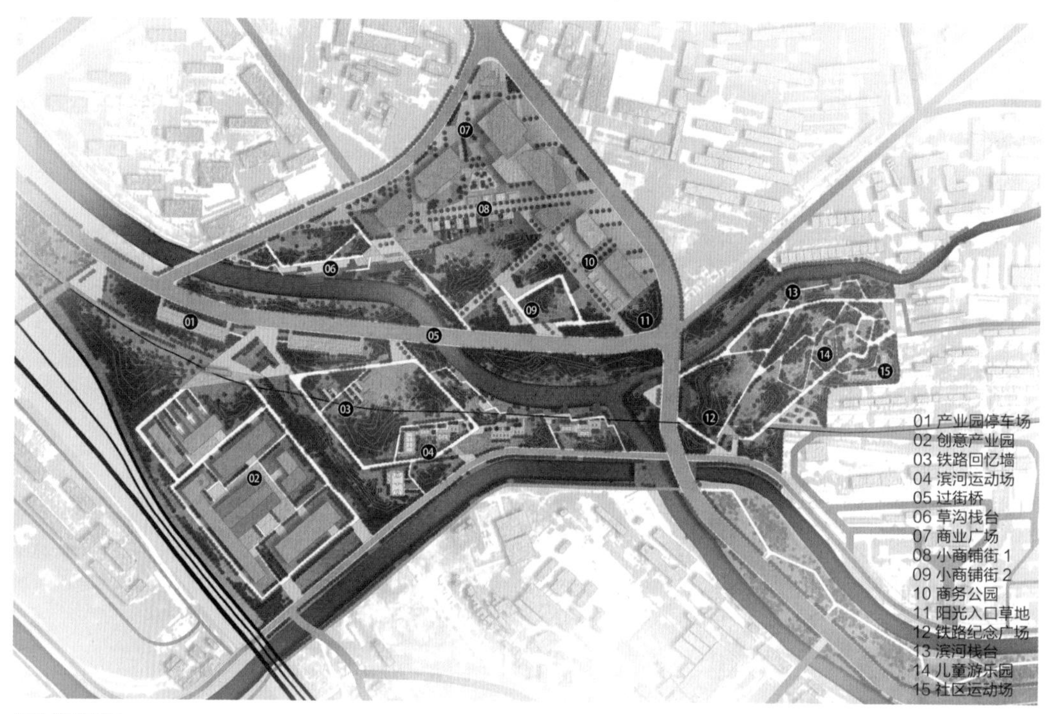

设计总平面图
Site Plan

场地现状
Site Centext

1. 场地分析

优势（Strength）：道路联通性较高，交通便利；使用人群以居民与周边职工为主，针对性较强。

劣势（Weaknesses）：场地被交通道路与水渠分割严重，多条城市主路穿插；场地内现有建筑无观赏价值，可保留性差；现状的植被类型相对单调，缺少管理，缺少层次丰富的植物景观；除永引渠常年有水外，高井河、黑石头沟、油库沟均为季节性沟渠，无水状态为常态。

机会（Opportunity）：场地内有大量废弃地与拆迁地，为公共空间提供基础；居民区分布广泛，产业园毗邻；高联通性的交通条件与多种业态的缺失，使得场地内有潜力成为该区域商业活动新的中心点，进而带动区域活力；场地内部的废弃工厂为产业园改造提供契机。

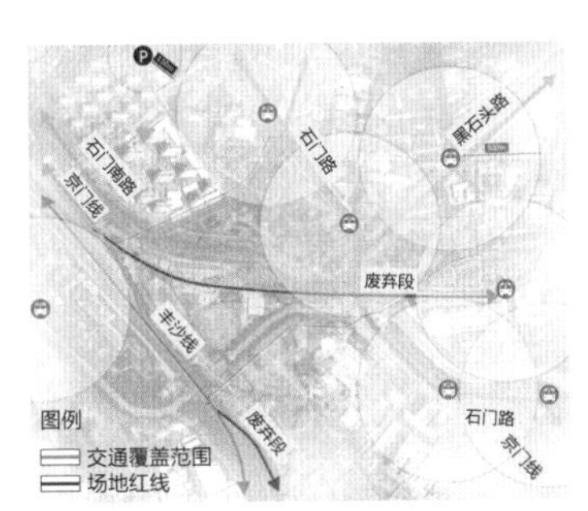

交通分析
Traffic Analysis

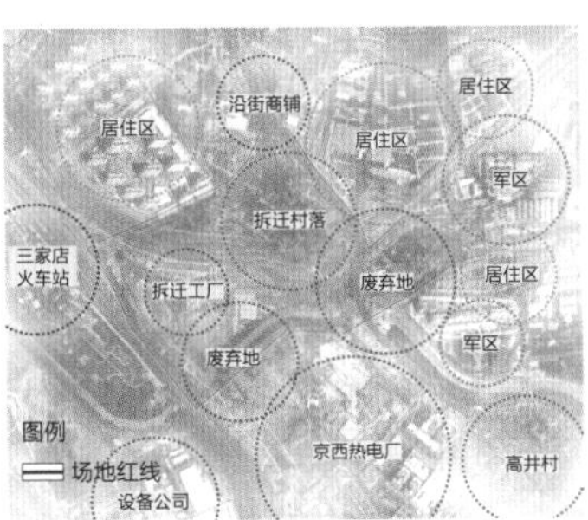

环境分析
Environmental Analysis

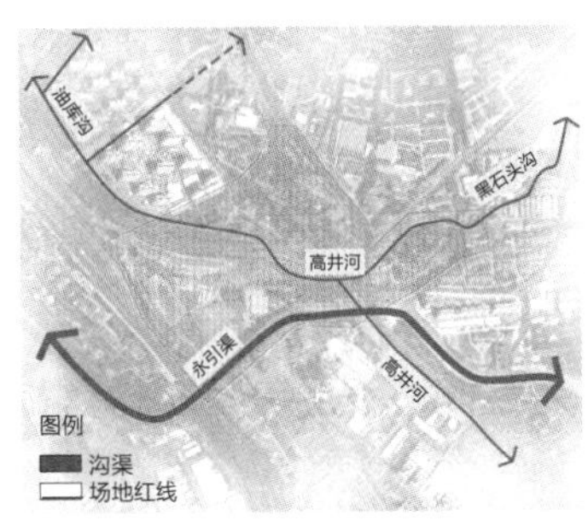

水文分析
Hydrological Analysis

2. 分区设计

（1）商业广场设计

商业广场位于重要道路交叉口附近，交通便利。在商业综合体之外，还设计了独特的广场小商铺与配套设施，提供多样的服务，以形成商业街道活跃的氛围。

（2）滨河栈台设计

在水渠无水时，利用并引导河道内自发形成的草沟，形成独特的观赏草沟景色。同时在河道周边，建立相应的观景配套设施，以为游客提供良好的休闲游赏环境。

（3）小型产业园设计

对场地内废弃工厂进行改造，形成新型文创产业区，为周边居民提供就业场所，并带动区域文创产业的发展。产业园区设计结合地形与种植，以削弱周边环境的消极影响。

（4）社区公园设计

在分析周边环境的基础上，为社区公园设计了连续的多处儿童活动场所，以满足周边居民的日常游憩需求。

（5）铁路印象设计

在场地内废弃的铁路处，结合景墙，设计铁路回忆场所，留下场地记忆。利用框景，丰富场所游憩体验。

（6）运动场地设计

在文创产业区旁公园串联多种运动场地，如篮球场、羽毛球场、网球场、乒乓球场等，构成运动活力带，为周边居民与工作人员提供休闲健身场所。

商业广场设计意向效果
Commercial Square

小商铺意向效果
Small Shop

小型产业园意向效果
Creative Industry Park

铁路印象意向效果
Railway Renewal Area

铁路印象意向效果
Railway Renewal Area

运动场地意向效果 1
Sports Venue 1

运动场地意向效果 2
Sports Venue 2

3. 植物专项设计

根据对场地的整体设计，主要采用六种植物种植方式：

（1）树林围合与林下活动空间

在围合绿地间形成适宜停留的林缘与林下活动空间。

（2）入口广场的空间视线引导

规则排列，有明确的方向性，引导游人进入。

（3）乔灌与花境围合小型空间

配合花境良好的观赏效果，形成舒适的绿地停留空间。

（4）场地内道路两侧的植物

采用简洁的线形种植方式，尽量减少植物对空间产生的压迫感，使空间更舒适。

（5）植物与地形的搭配方式

配合竖向设计，增强对场地的围合与控制，形成更强的场地围合感与视线上的起伏变化，增强空间的趣味性。

（6）商业广场植物种植

采用简洁的设计，增强广场视野的通透性，便于人流的聚集与疏散，同时为林下条形坐凳提供林荫，便于游人休憩。

林下活动空间

入口广场

行道树

乔灌与花境

植物与地形

商业广场

植物种植策略图
Plant Cultivation Strategies

鸟瞰图
Aerial View

三家店车站段规划设计方案

Renovation Design of the Section of The Sanjiadian Station

设计者：胡而思
场地面积：39hm^2
关键词：城市废弃地、街头绿地、景观再生

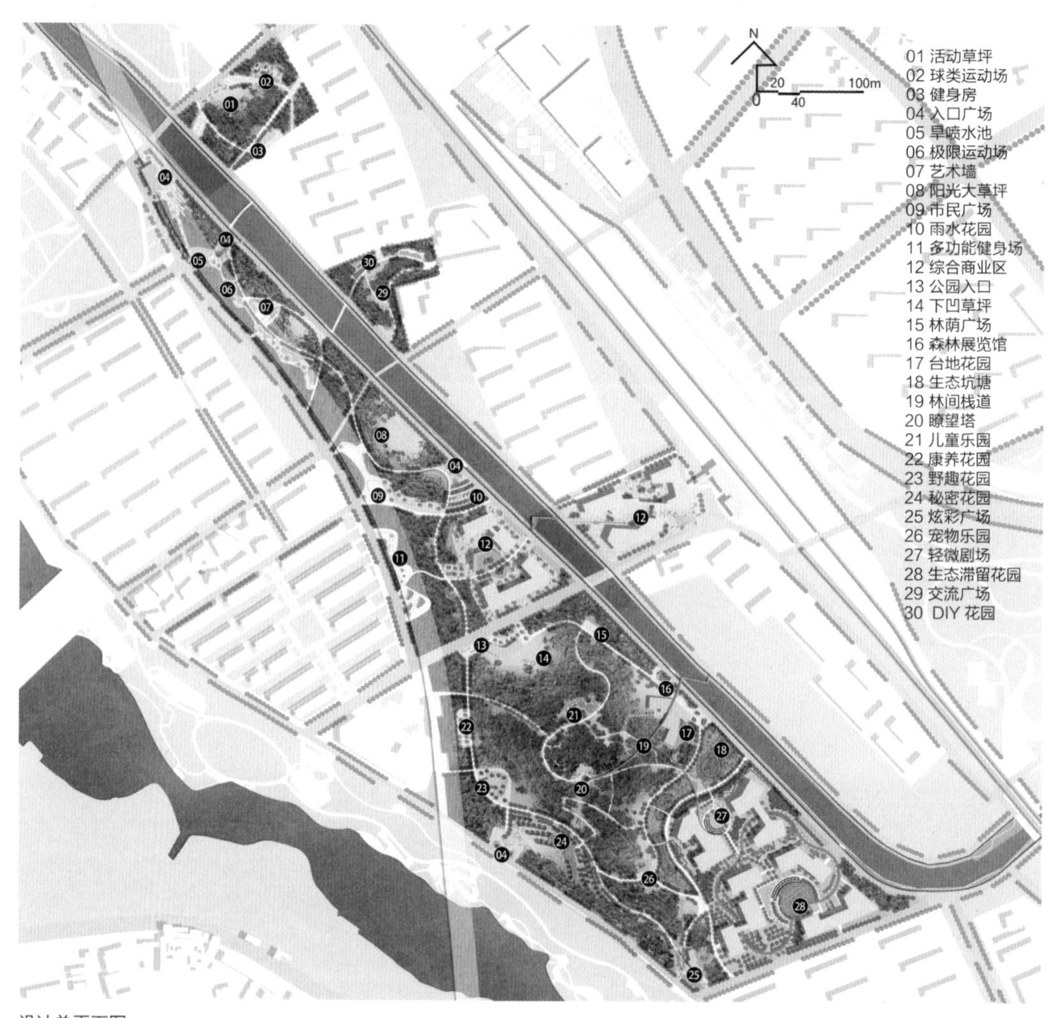

设计总平面图
Site Plan

1. 场地分析

场地内部居住、商业、工业等用地质量普遍不高；三家店桥高架下停车场空间利用率低，封闭性强，具有提升和开发潜力；地块周边以居住区和公园绿地为主，靠近三家店火车站，具有服务于多类人群的任务；地块连通永定河与永引渠，从城市过渡到自然，在面水望山的视角下具有打造城市标志

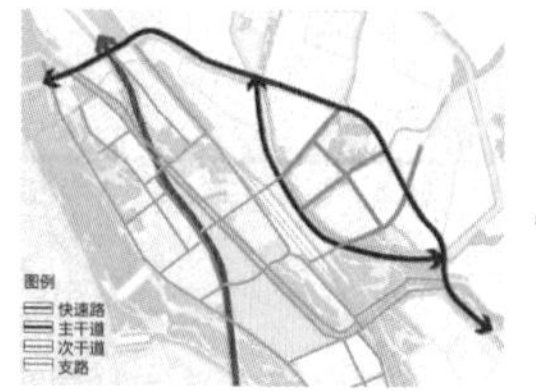

交通分析
Traffic Analysis

现状分析
Centext Analysis

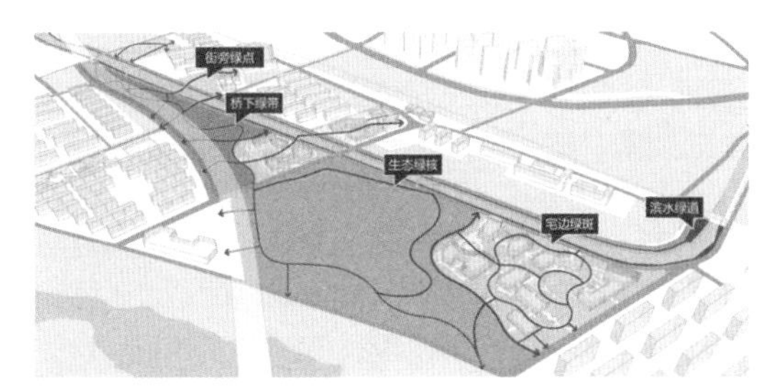

结构分析
Design Structure Analysis

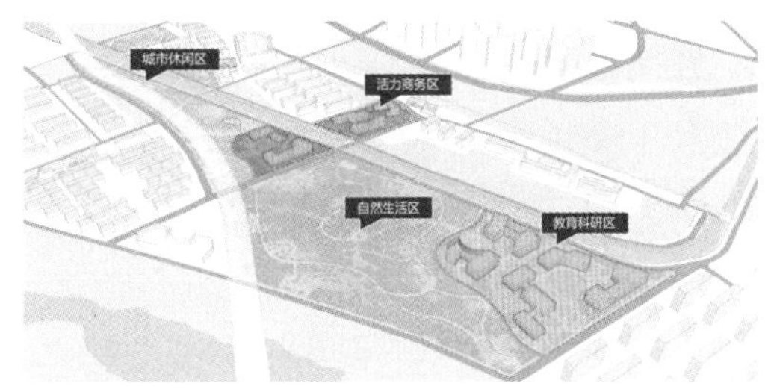

功能分区
Functional Division Analysis

交通分析
Traffic Analysis

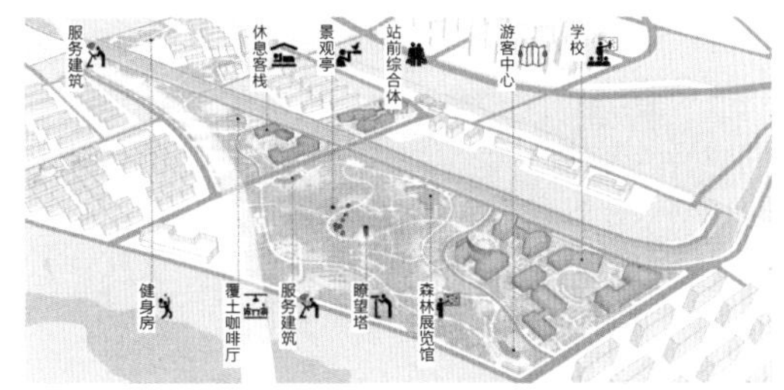

建筑分析
Architecture Analysis

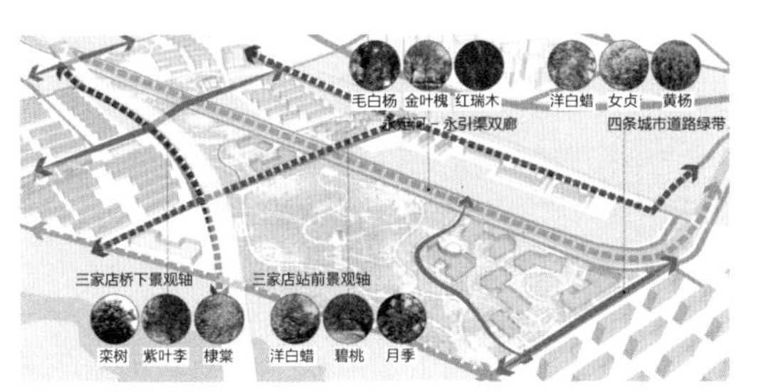

植物景观分析 1
Planting Analysis 1

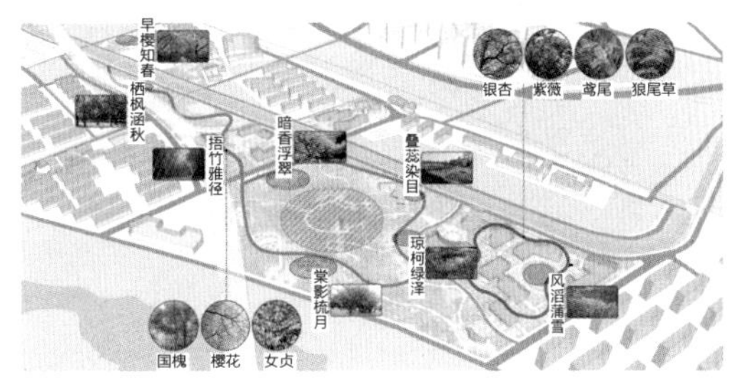

植物景观分析 2
Planting Analysis 2

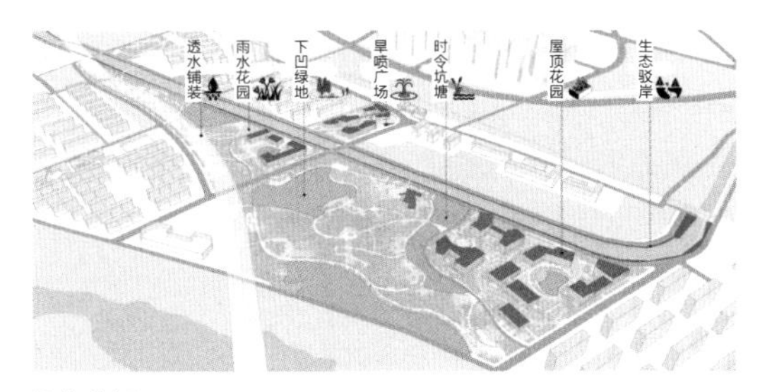

设施分析
Sponge City Facilities Analysis

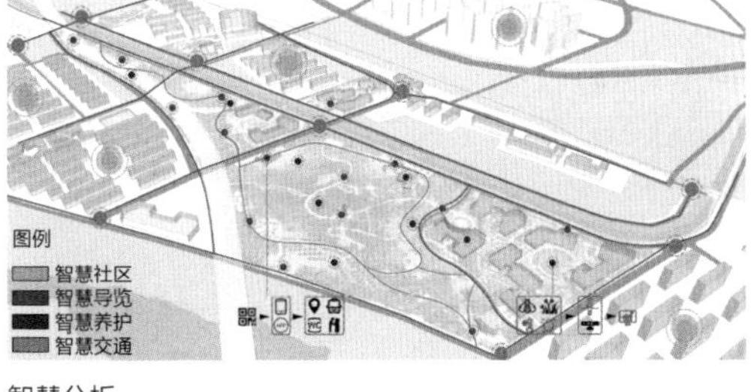

智慧分析
Smart City Analysis

性景观的可能。地块与周边各类公园、铁路防护绿地相连接，内部除一块保存较完整的林地之外缺乏其他绿色空间，具有完善城市公共绿色空间网络的潜力。场地西侧被三家店桥贯穿，东侧靠近铁路，受噪音影响。周边城市支路连通性差，高架沿线支路封闭不可进入，导致周边用地对地块可达性不高，永定河——永引渠连通性不强，堤顶路拥堵严重。场地内部建筑多为外观简陋质量较差的棚户和单层建筑，保留价值不高，设计考虑拆除，部分保留用地功能。

2. 设计策略

（1）连贯的慢行系统

利用慢行绿道连通永定河和永引渠，将小型绿地溶解于各类城市用地中，营造自然城水过渡空间。构建连接城水的绿色开放空间，打开高架下的封闭用地，加强永引渠至永定河的连通性。

（2）复合多样化功能

以三家店火车站为依托，打造站前综合商业区，塑造区域名片；以城市干道和水资源等良好环境为依托构建高校园区，营造现代文化科研基地。

（3）有机的生态修复系统

保留现状林地，营造服务于周边居民的自然郊野公园，将开放活动空间集中在公园周边，于林间营造地标性制高点打通视线，衔接山水城景。设计构建连贯的生态基础设施系统，利用一些海绵技术实现以生态修复为主的新时代公园目标。

空中栈桥效果图
Aerial Trestle

入口花园效果图
Entrance Garden

3. 设计分析

设计方案利用滨水绿道串联街旁绿点、桥下绿带、生态绿核、宅边绿斑形成公共绿色空间网络。在功能分区上将区域分为城市休闲区、活力商务区、自然生活区和教育科研区四个部分，服务不同人群，复合功能，激发活力。在道路交通上将设计后的公园道路、慢行绿道与新建城市支路相连，打开边界，贯通城水，增强铁路至永定河可达性。同时利用下凹式绿地、透水铺装、绿色屋顶、生态湿地等海绵技术构建园区连贯的生态基础设施系统，设置时令性坑塘收集雨水，形成旱湿皆可观的效果，生态节能，畅游城郊。在植物景观上形成四带两轴衔二廊，双环引绿穿八景的植物景观体系，实现点轴引导，四季相生。此外，结合上位规划中绿道驿站规划，设置慢行系统转换驿站以及公园服务驿站，便捷高效地服务市民，智慧互动，畅游城郊。利用“互联网 +”的思维，结合大数据、云计算等先进技术，实现公园可视化、智慧化的服务与管理。

野趣花园效果图
Wild Garden

创意文化带效果图
Creative Culture Belt

教育科研园区效果图
Educational Research Park

儿童乐园效果图
Children's Playground

林间观景塔效果图
Forest Viewing Tower

综合商业区效果图
Business Complex

生态技术分析剖面
Ecological Technology Section Analysis

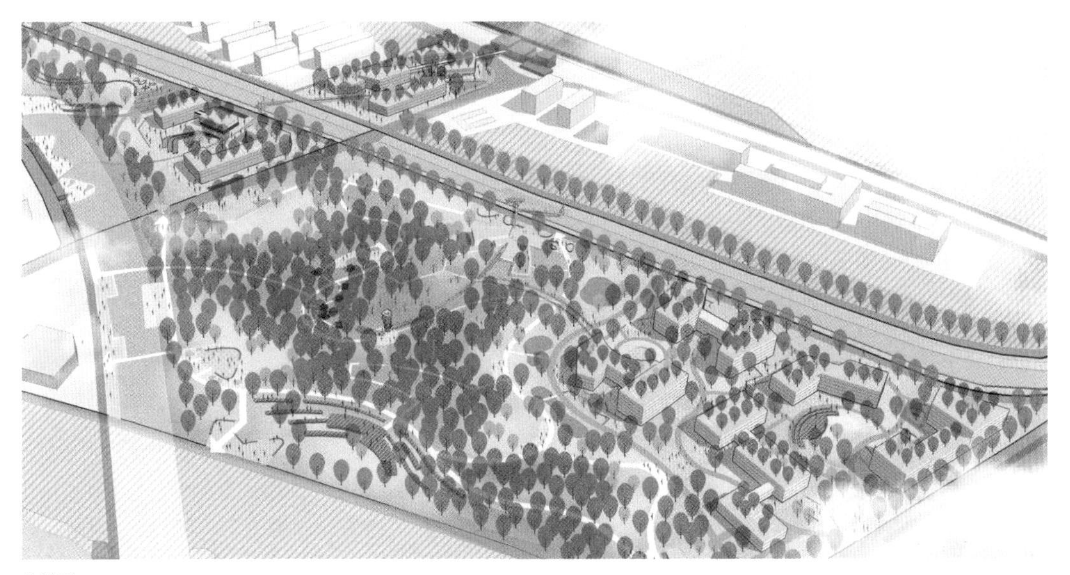

鸟瞰图
Aerial View

门城湖公园中段规划设计方案一

Menchenghu Park Design Plan 1

设计者：孙越
场地面积：27hm²
关键词：滨水空间、湿地设计

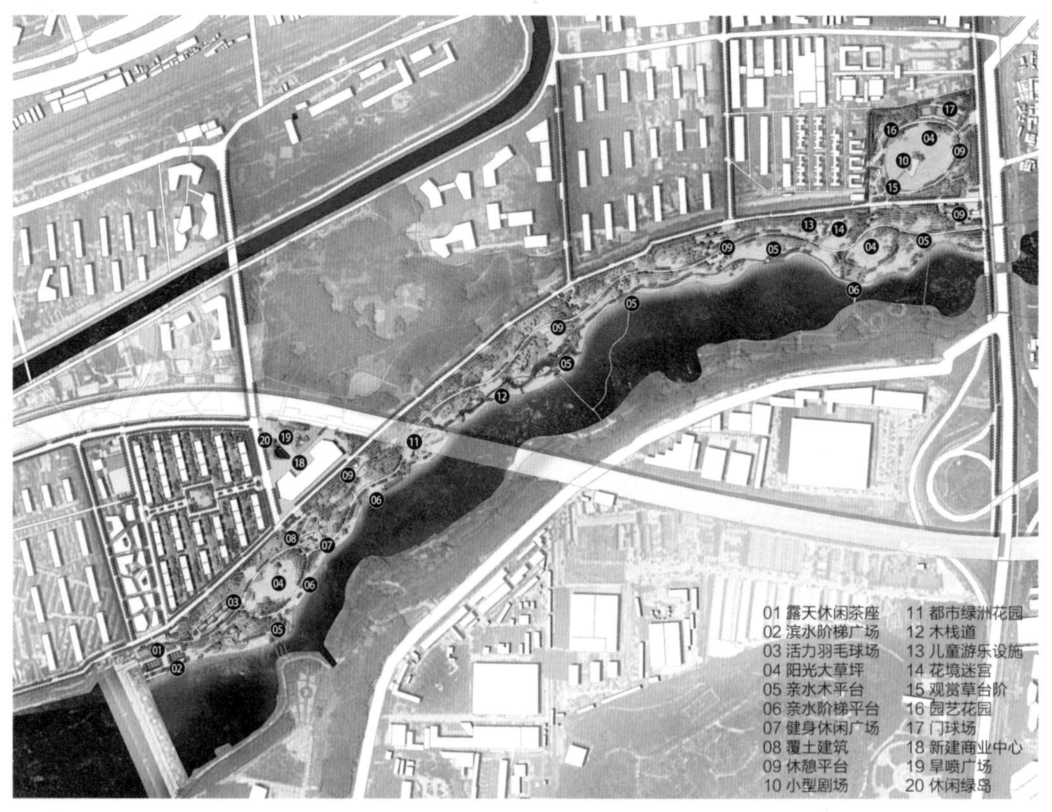

设计总平面图
Site Plan

1. 场地分析

设计场地位于规划红线范围西南一侧，南北向长度约为 1.7km，东西向最宽处约为 470m，面积约为 27hm²，现状为门城湖公园东岸中段与周边部分商业用地与二类工业用地，范围外则为绿地、养老院与村民居住区。

西六环路的高架桥紧贴场地，并穿其而过。堤顶路与河岸标高相差 13~14m，高差较大。

根据上位规划，其位于永定河滨水活力绿带与乡土文化游憩绿廊的交界处，与城区内的生态生活综合绿心可形成视觉上的联系，同时也在生态与文化结构规划中处于核心地位。

场地现状问题可总结为以下几点：一是与周边

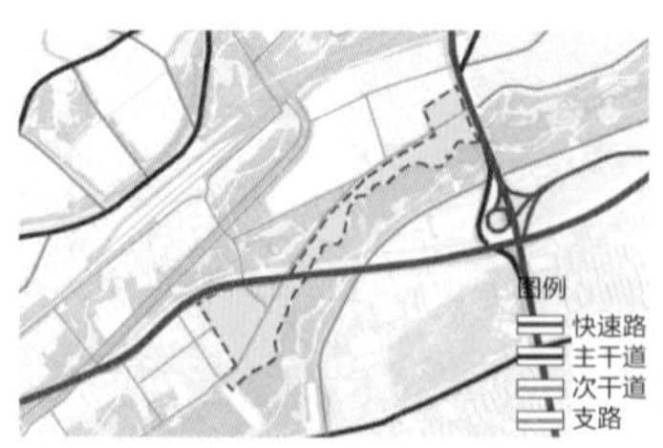

现状交通分析
Traffic Analysis

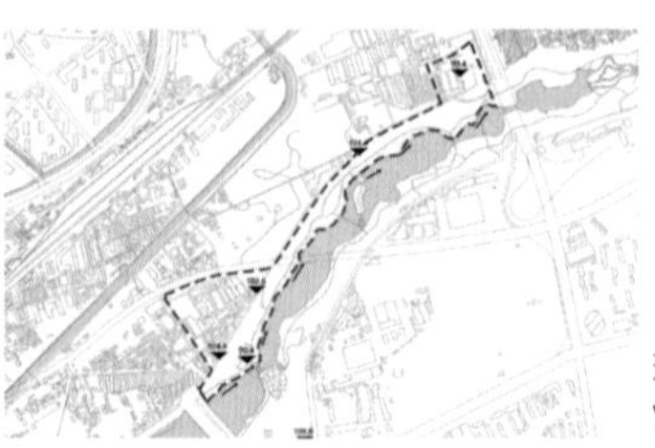

现状竖向分析
Vertical Analysis

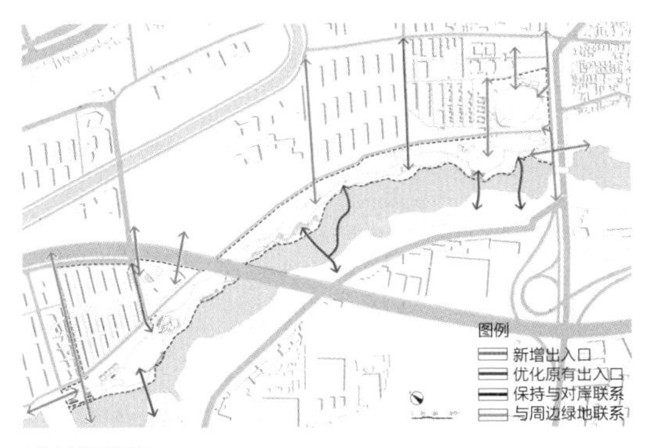

城市联通设计
Connectivity in Urban Scale

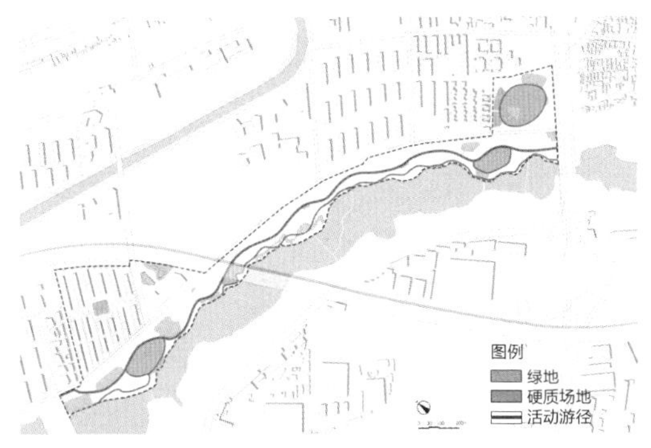

活动空间布局
Open Space Design

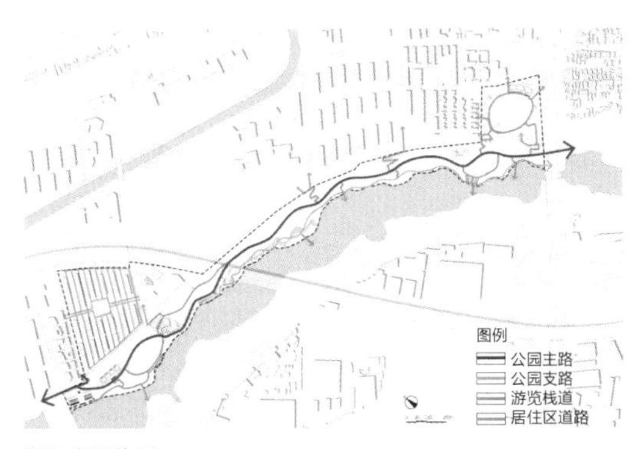

慢行交通体系
Slow-Traffic System Design

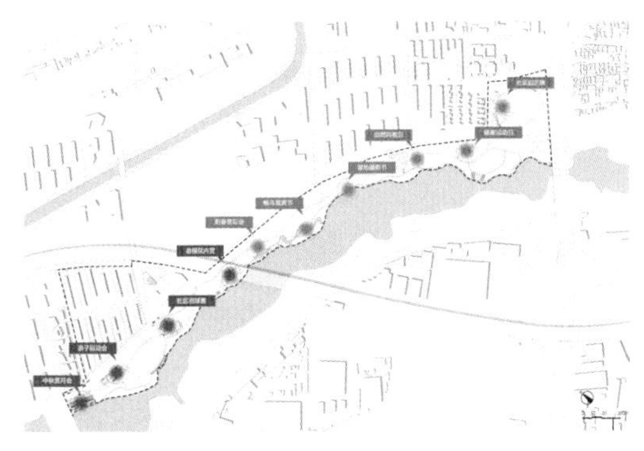

节事活动策划
Cultural Festivals Planning

区域割裂明显，未形成连贯的城市开放空间体系；二是内外慢行体系均不完善，断头路多；三是公园内景观设施简陋，缺乏优质活动空间；四是永定河水质较差，并有部分区域断流。

2. 设计策略

针对上述的突出问题与特性，赋予场地“城市交融 · 慢行贯通 · 亲水生活 · 生态乐活 · 文化复兴”的复合定位，分别提出以下五条设计策略：

（1）缝合城市空间，实现山水共融

在优化原有出入口的基础上，新增多个出入口，增强门城湖公园与其他城市开放空间的连通度，保证两岸的联系，同时实现视线的控制。

（2）贯穿绿道体系，构建慢性通廊

设计一套贯彻滨河地带的慢行体系，确保南北向联通，并且融入区域城市慢行体系。

（3）融合公共生活，加强市民参与

针对不同场地类型，结合主要活动游径、硬质场地、绿地，植入赋予多种活动功能，梳理竖向，用放坡、挡墙等多种形式消解高差，对硬化驳岸进行改造，全面激发场地活力。

（4）保护生态安全，回归康养自然

根据功能分区，通过多种群落搭配形成疏林草地、密林、湿地、花园等丰富多样的植物景观类型。同时考虑到汛期洪水泛滥的可能性，对场地进行水位控制，在保证主路和永久性建筑不被淹没的前提下，设计可淹没区，增强场地弹性。

（5）传承河流文化，复兴历史文脉

通过高架桥下文化柱、文化小品与挡墙等形式复兴永定河历史文化轴线，并通过全年多样的节事活动进行市民生活、湿地生态、康养休闲文化的凸显。

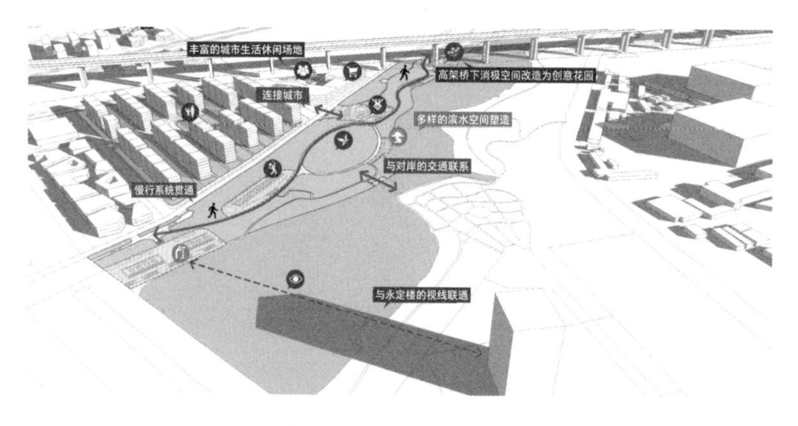

都市生活段设计策略
Strategy of Urban Life Section

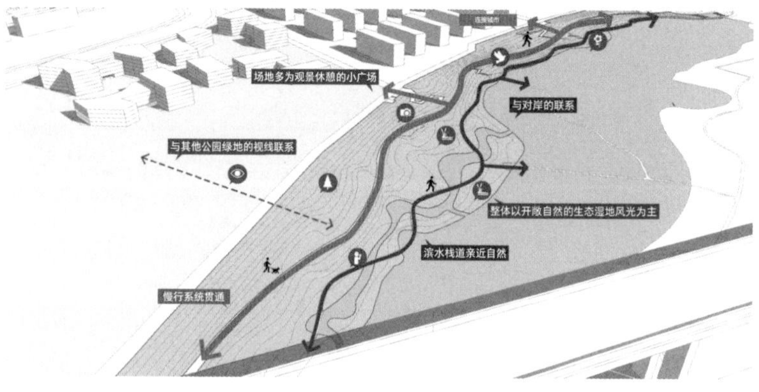

湿地游览段设计策略
Strategy of Wetland Section

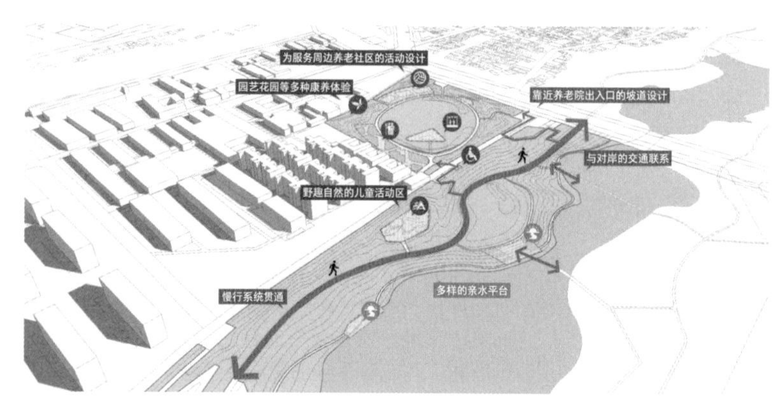

生态乐活段设计策略
Strategy of Ecological Enjoyment Section

根据场地特征，设计中将用地划分为都市生活段（含新建居住区与商业区）、湿地游览段、生态乐活段（含社区花园）。

都市生活段位于场地西北侧，景观氛围活跃，在贯穿慢行体系的同时保证了场地与城市的物理与视觉联系，塑造丰富多样的城市生活休闲场地，如运动球场、室外茶座、旱喷广场、阳光草坪等；同时植入阶梯广场、亲水平台等激活滨水空间。在高架桥下的消极空间中种植耐荫植物，在吸引人气的同时也赋予花园一定的科普教育内涵。

湿地游览段位于场地中部，整体以开敞自然的生态湿地风光为主，场地多为观景休憩的小广场，并注重与河对岸、与其他公园绿地的视线连通。

生态乐活段位于场地东南侧，考虑到周边新建住宅区的需求而增设了一个自然野趣的儿童活动区。在高档养老院附近结合园艺疗法等康养体验设计了一处花园，并在靠近养老院的出入口处设计坡道，完善无障碍设计体系，消解高差。

3. 分区设计

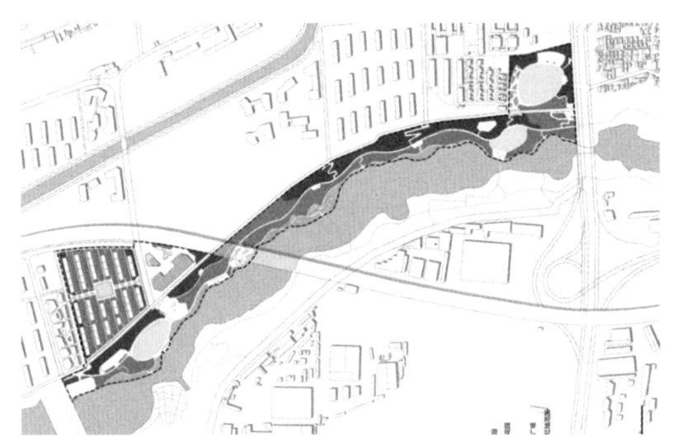

植物景观结构
Vegetative Landscape Structure

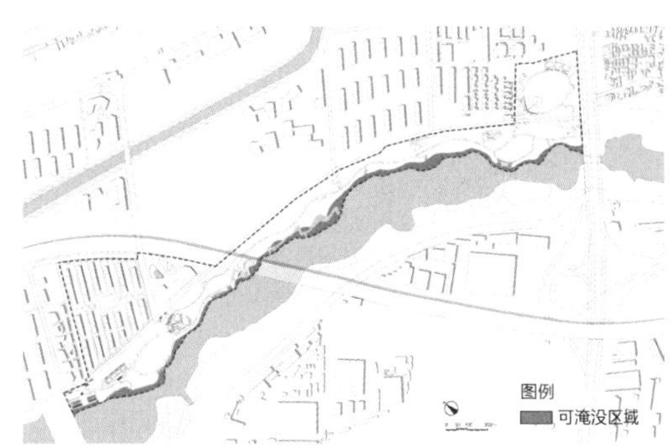

水位控制设计
Water Level Control

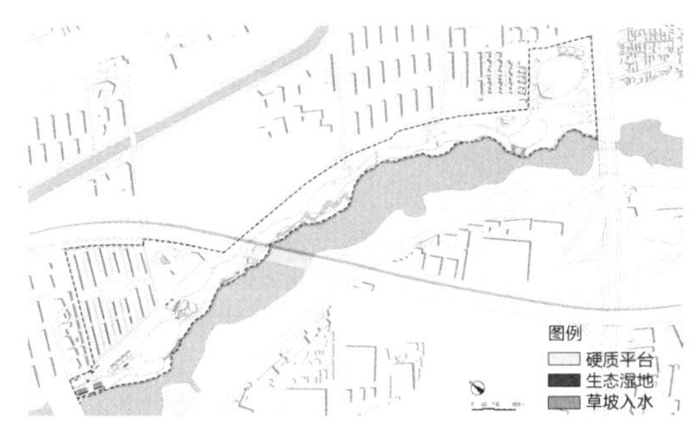

驳岸改造设计
Revetment Reconstruction

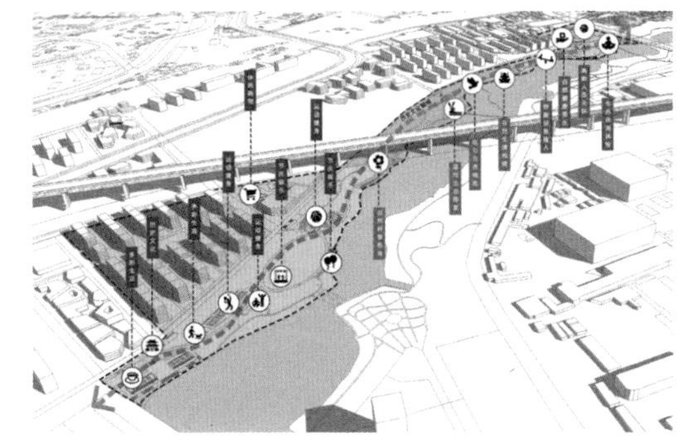

文化结构规划
Cultural Conceptual Structure

高架下文化柱

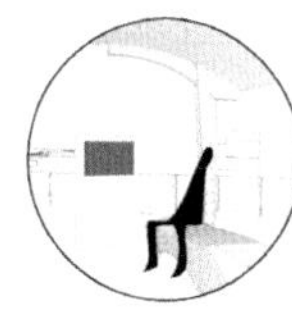

文化景观小品

文化挡土墙

滨水露天茶座效果图
Waterfront Outdoor Cafe

新建商业广场效果图
Commercial Plaza

都市绿洲花园效果图
Garden Under Bridge

活力羽毛球场效果图
Badminton Court

湿地栈道效果图
Wetland Board Walk

亲水平台效果图
Waterfront Plantform

园艺花园效果图
Horticultural Garden

阳光草坪效果图
Leisure Lawn

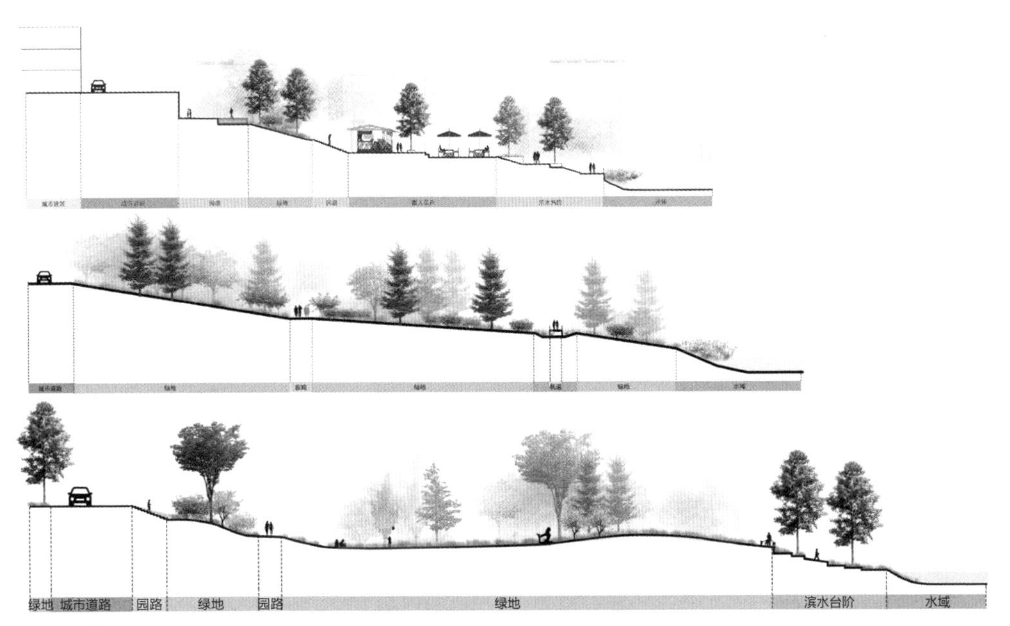

设计改造剖面
Reconstruction Sections

鸟瞰图
Aerial View

门城湖公园中段规划设计方案二

Menchenghu Park Design Plan 2

设计者：刘阳
场地面积：22hm^2
关键词：滨河绿地、生态游憩

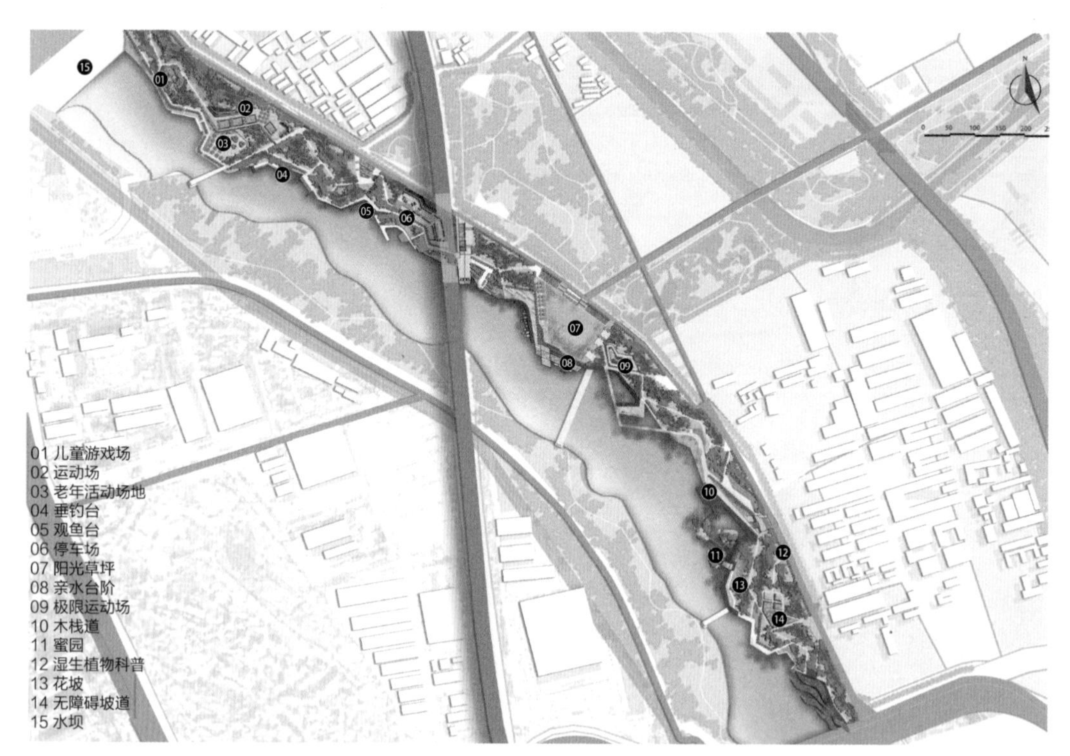

设计总平面图
Site Plan

1. 场地分析

设计场地位于五里坨永定河滨河沿岸，是区域重要的水系生态廊道。依托上位规划，构建滨河绿带，形成连贯丰富的绿色空间体系；在永定河的北侧，现有高密度的棚户区、居住小区，贫乏的绿地空间使得居民的日常游憩活动很难开展。我们将充分利用永定河滨河绿色空间，建立一条游憩生态轴带，以此激活城市的消极空间。

设计场地现有交通的布局对慢行交通缺乏考虑，场地可达性较低，场地内部游憩体系尚不完善，两岸联系很弱，居民出行不够便捷。

为了满足行洪设计场地竖向高差较大，河岸到堤顶路抬升大约 5m，河岸断面形式单一，亲水体验较差。

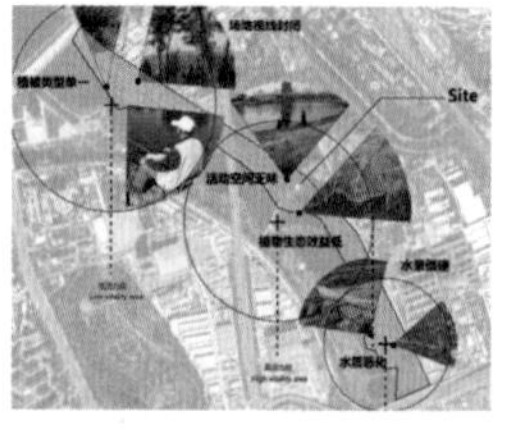

场地现状问题
Current Situation of Site

交通分析
Traffic Analysis

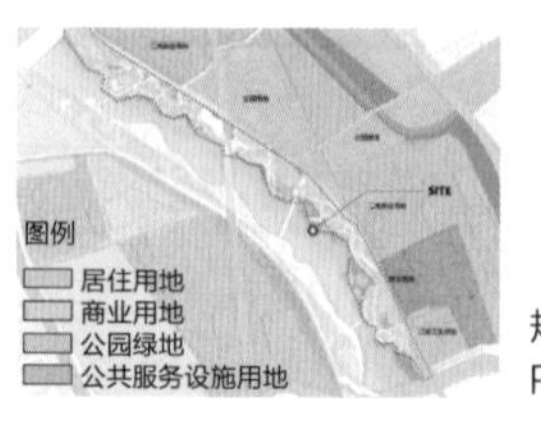

规划用地分析
Planning Land Use Analysis

2. 设计策略

通过对现状进行一系列的分析，可以得出场地现状主要问题集中于以下三个方面：绿色空间品质差、生态功能薄弱、滨水活动单一。针对这三个现状问题，分别提出对应的解决策略：

策略一：营造丰富的滨水植物群落。对不同区域采取不同的营造策略，构建植物群落组成形式多元化的绿色空间。

策略二：雨水收集与利用。通过打造绿色街道、营建生态洼地并重构河渠系统的方式，合理地管理与利用场地内的雨水。

策略三：创造多元的滨水空间体验。通过驳岸空间的合理设计，城市中滨水空间除基本使用与防护功能外，兼具游赏性与观赏性。

3. 分区设计

顺应场地原有特征，将设计后的场地划分为生活品质提升段、城市空间开放段以及生态自然过渡段三个功能分区。

为了提升区域植物景观视觉感受，调配落叶树与常绿树比值，在关键景观节点处增植花灌木、彩叶树种。同时，采用坡道、台阶、平台多种形式消解河岸高差。为了形成丰富的滨水体验，沿河岸设置了形式多样、节奏变化的游览节点。

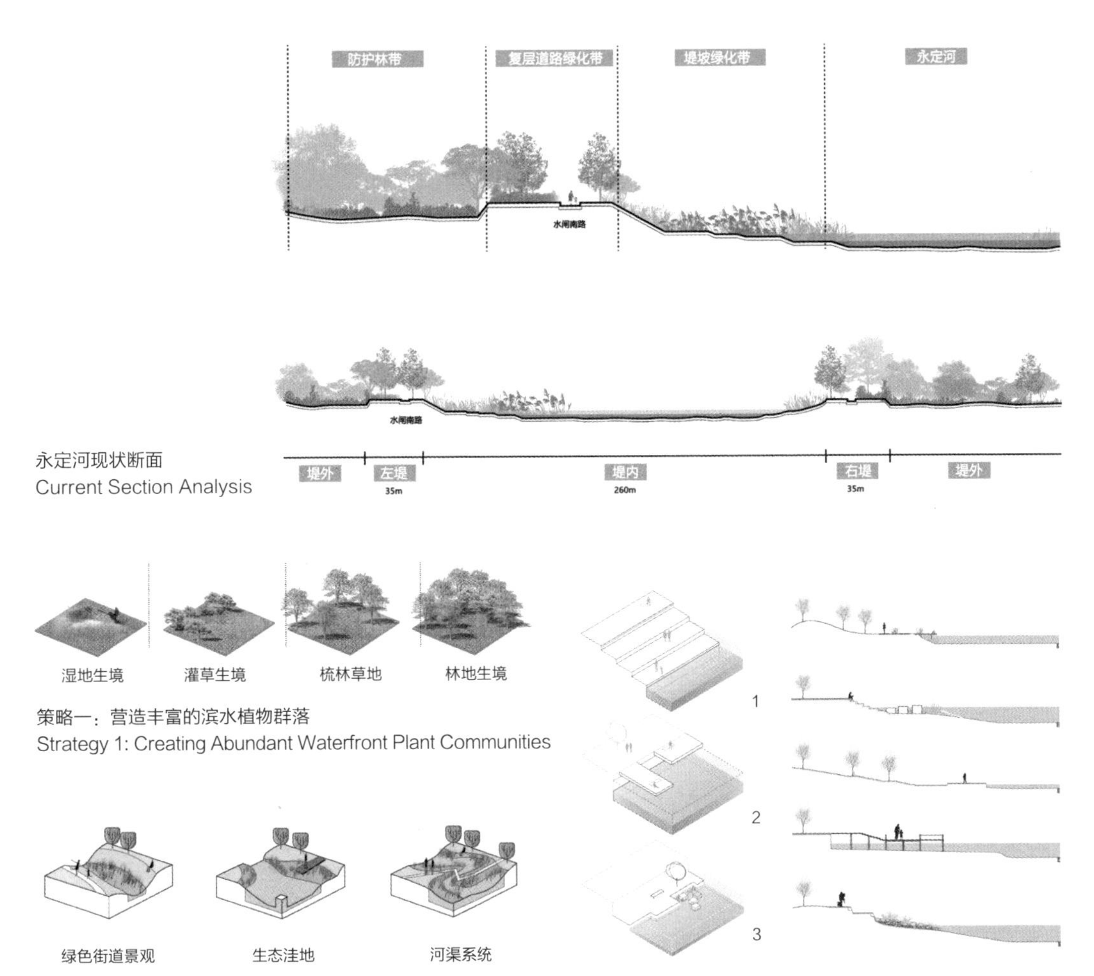

永定河现状断面
Current Section Analysis

策略一：营造丰富的滨水植物群落
Strategy 1: Creating Abundant Waterfront Plant Communities

策略二：实现生态景观的雨水收集与利用
Strategy 2: Rainwater Collection

策略三：创造多元的滨水体验空间
Strategy3: Creating a Diversified Waterfront Experience Space

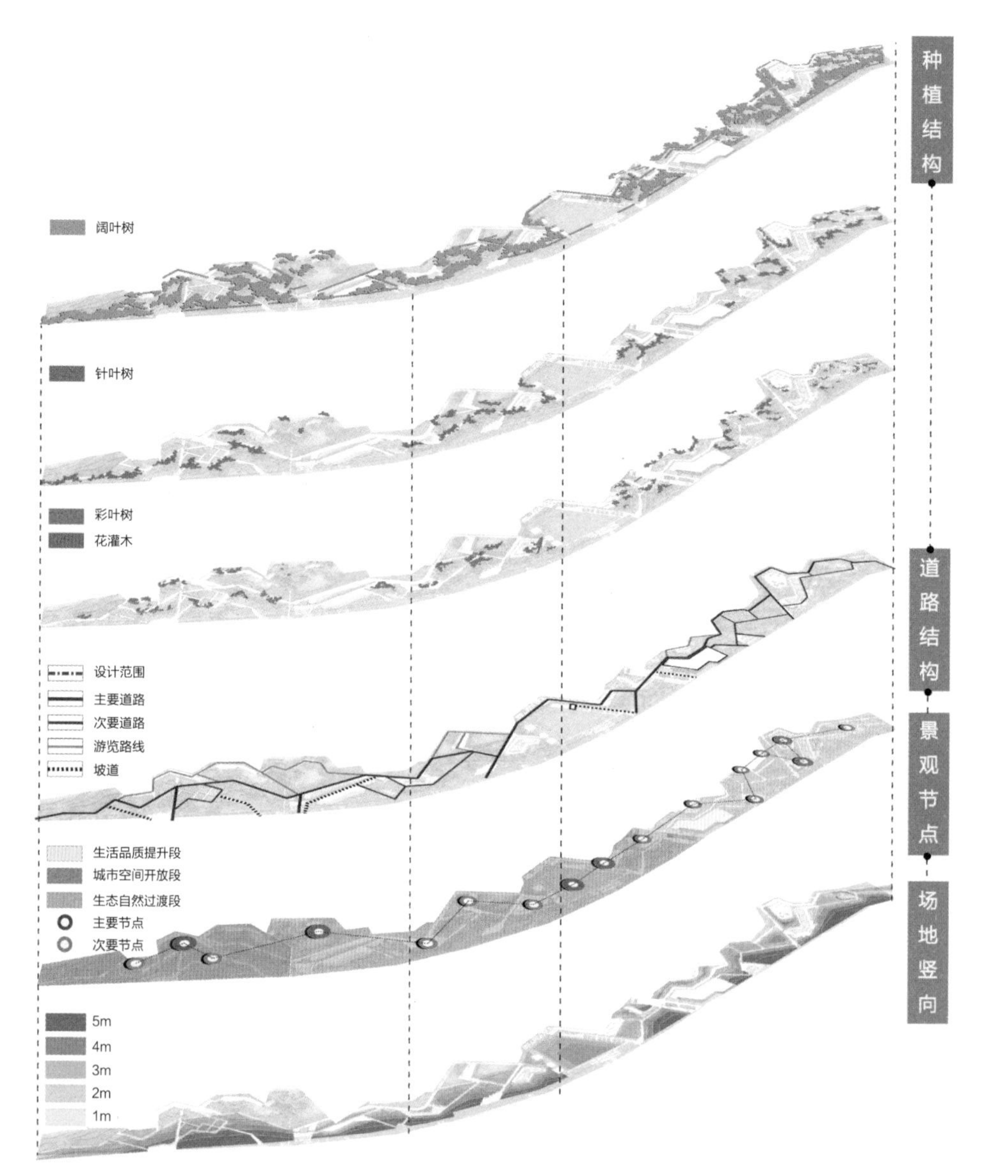

设计分析
Design Analysis

（1）生活品质提升段：该段主要是针对不同年龄阶段人群，以解决现状高密度居民缺乏绿色开放活动场地为目的进行设计。

（2）城市空间开放段：该段以多种空间景观给人以丰富的视觉感受，以各式活动场所来适应人们丰富的社会活动。其中滑板运动场地的设计囊括了广场及滑板游乐场双重功能，不仅为滑板爱好者提供了娱乐空间，同时也为周围的景观环境打造了良好基础，为滑板节及各种体育活动提供了理想的场地；滨水平台与大草坪相结合，营造出开阔的视野，可缓解心理和视觉疲劳，提供适宜的交流空间。

（3）生态自然过渡段：该段设计主要目的是充分发挥永定河的生态廊道功能，通过优化植物配置，尤其是水生植物环境的营造，提升水质、加强地表雨水径流收集的同时，营造良好的河流植物景观，考虑到了其观赏游玩功能增设低影响、小尺度的游览设施，例如木栈道、滨河小路等。

草地滨水广场效果图
Grassland Waterfront Square

滑板运动场地效果图
Skate Park

芳香花径效果图
Fragrant Garden

滨水游览步道
Waterfront Walkway

鸟瞰图
Aerial View

铁路与永定河旁绿地规划设计方案

Landscape Design of Greenspace along Yongding River and Railway

设计者：于佳宁
场地面积：49hm^2
关键词：绿色空间、滨水、联通

设计总平面图
Site Plan

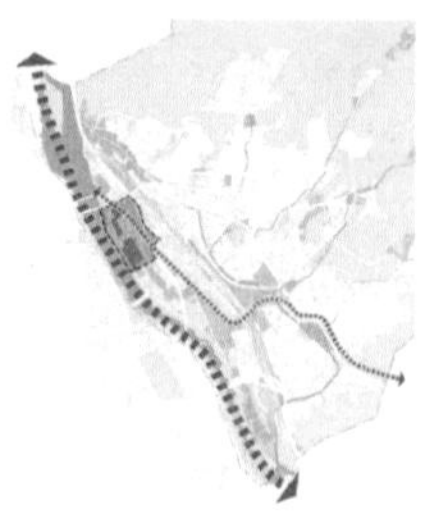

区位分析
Site Analysis

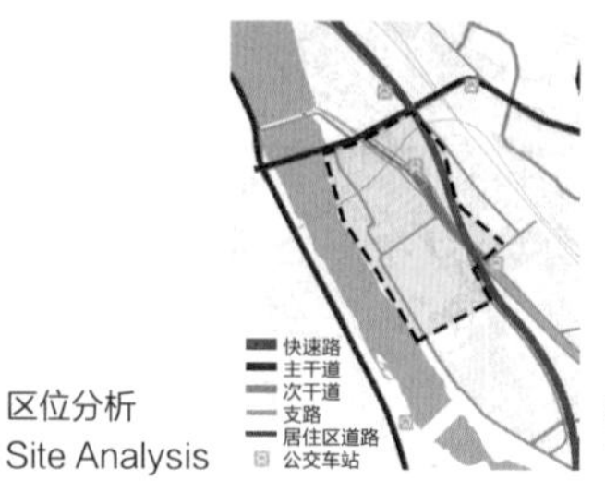

交通分析
Traffic Analysis

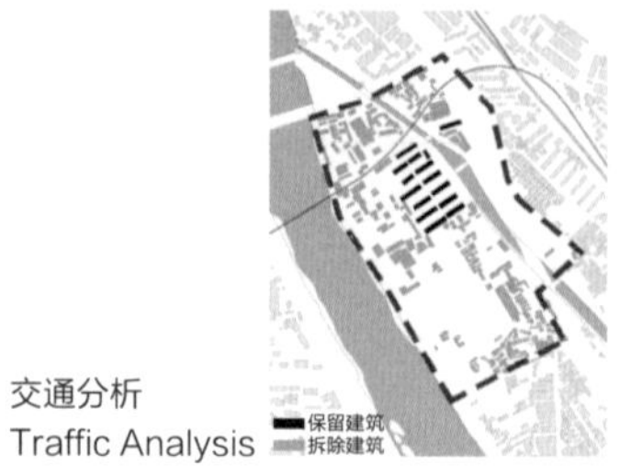

周边建筑分析
Surrounding Building Analysis

1. 场地分析

设计场地位于规划范围西北侧，是永定河的上游区域。现状用地以居住用地、商业用地、公园绿地与荒地为主。在“山川 · 河川 · 平川”的规划构想中，处于“河川”与“平川”的过渡区域——既承担着永定河斑块的生态功能，又要与城区建立联系，通过绿地与慢行系统等基础设施，将“永定河—城市建设区—永引渠”融合为一体，共同形成“永定河滨水活力绿带”。

场地现状问题主要集中于以下几个方面：永引渠两岸被割裂且驳岸类型单一，绿地可达性不高，建筑容积率低、质量差，场地北侧的废弃铁路也未得到改造。

2. 设计策略

根据场地现状以及上位规划，将设计目标定为“连通城水两岸，构建活力街区”，并以此提出以下设计策略：

策略一：梳理交通慢行体系，在上位规划的基础上，完善城市慢行体系。

策略二：塑造开放绿色空间，各个区域的绿地相互呼应，实现城水两岸的连通。

策略三：塑造连贯植物景观，沿东西方向设计了四条植物景观轴，串联永引渠两岸。

策略四：激活商业服务业态，对红线内的用地性质进行调整，为各个地块赋予新的功能，沿永引渠规划商业街区，激活滨水区域活力。

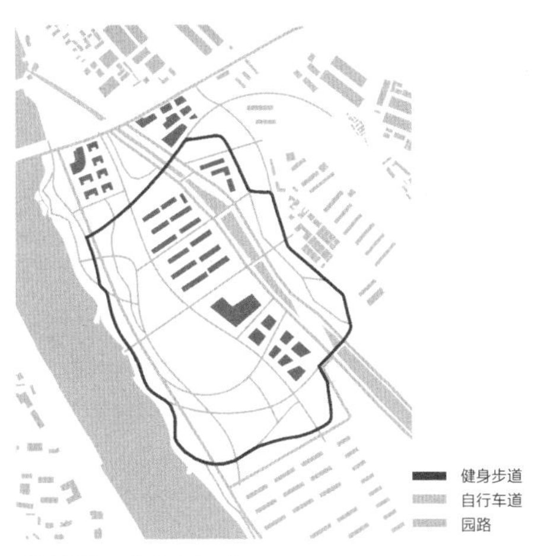

总体结构 – 慢行交通
Overall Structure–Slow Traffic

总体结构 – 绿色空间
Overall Structure–Green Space

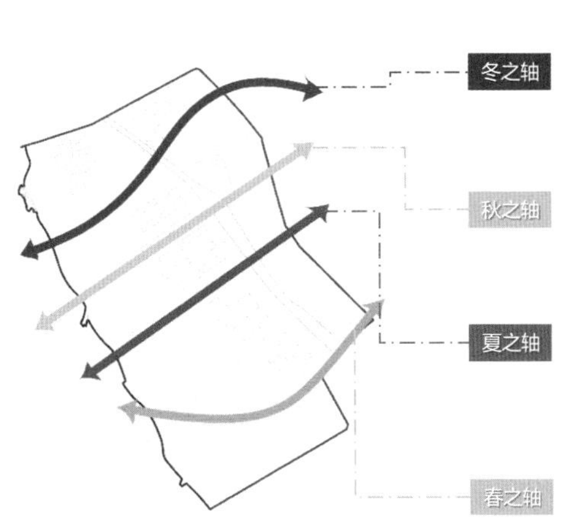

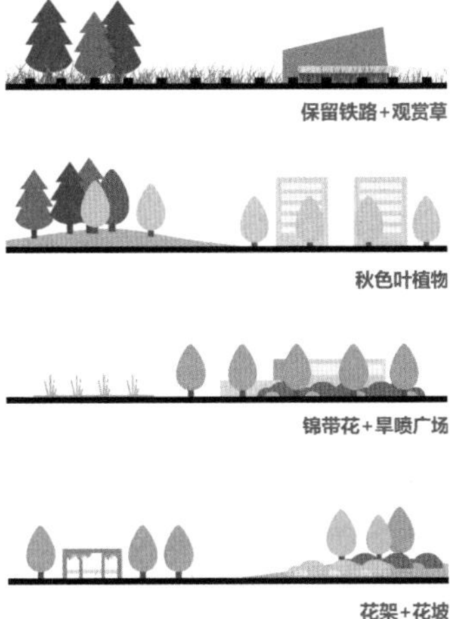

总体结构 – 植物景观
Overall Structure–Vegetative Landscape

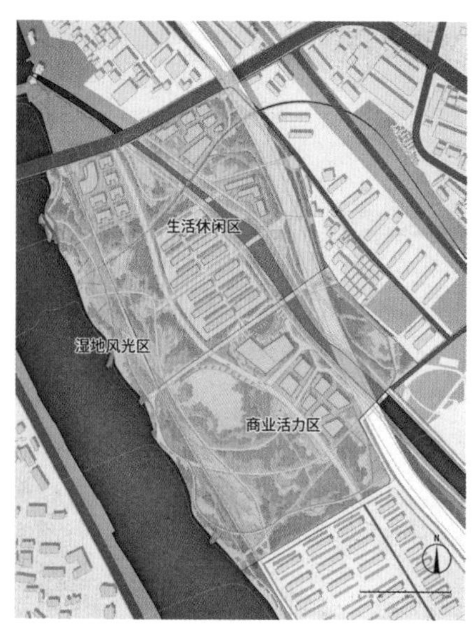

功能分区
Functional Zoning Analysis

运动场地效果图
Sports Venue

铁道花园效果图
Railway Garden

3. 分区设计

根据场地现状特征以及周边用地性质，将设计场地分为生活休闲区、湿地风光区以及商业活力区三个功能分区。

（1）生活休闲区位于场地东北侧，现状有较大比例的居住用地、行政办公用地以及商业服务业用地。上位规划中对部分用地进行调整以更好地和绿地衔接。公园迎合居民与办公人群的使用需求，设计有儿童活动场、运动场地、秋色叶植物园，并将现状的废弃铁路改造为铁道花园。

（2）湿地风光区沿永定河分布，现状为门城湖公园的一部分，但绿地可达性不高，与周边缺少联系，驳岸类型也较为单一。设计中对这一分区进行改造，加强永定河与城市间的联系，增加活动与观赏空间；滨水区域种植耐水湿的草本植物，如芦苇、千屈菜、菖蒲等，增加场地应对洪涝的弹性，汛期时可被淹没，旱季也能形成良好的景观。该分区内设计了湿生植物园、亲水平台与休息廊架等活动场所，并建有湿地生态示范区，满足科普教育功能需求。

亲水平台效果图
Waterfront Platform

湿生植物园效果图
Wetland Garden

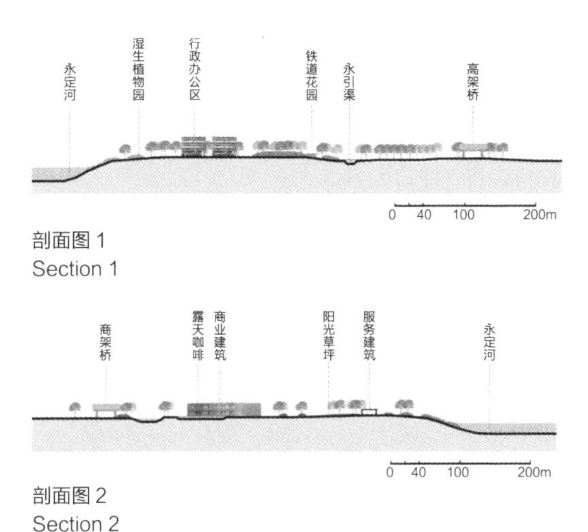

剖面图 1
Section 1

剖面图 2
Section 2

春花植物区效果图
Spring Flower Plant Area

多功能剧场效果图
Multi-Purpose Theater

商业广场效果图
Commercial Plaza

（3）商业活力区位于场地东南侧，现状有大面积的棚户区以及荒地。设计中重新整合了这片区域的商业服务业用地，构建了与绿地相融合的创意商业街区，同时商业区向永引渠一侧开放，有商业广场与露天咖啡座等，以激活永引渠滨水空间。在该区域西侧的绿地，连接商业区域与湿地风光区，设计有多功能剧场、旱喷广场、春花植物园、观赏花坡等，塑造了与商业结合、充满活力的景观。

鸟瞰图
Aerial View

三家店古村落及周边地块规划设计方案一

Sanjiadian Historic Village and Surrounding Area Design Plan 1

设计者：廖菁菁
场地面积：45hm^2
关键词：传统村落、公共空间、城市更新

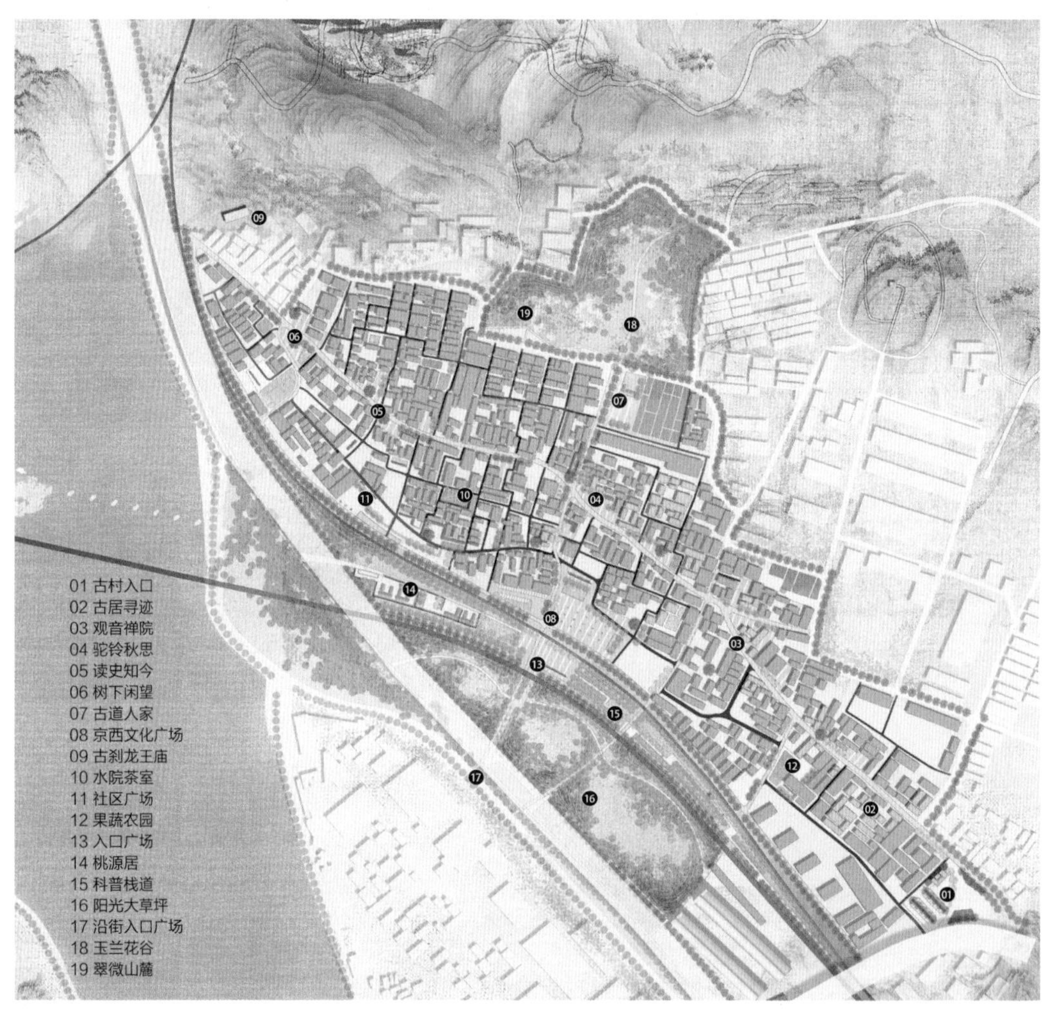

设计总平面图
Site Plan

1. 场地分析

三家店，位于北京门头沟区龙泉镇东部，地处永定河山峡出口的左岸，北靠西山山脉，地势略有起伏，村落西边是西六环路，南接城市道路石门路，交通便捷。内部用地主要为防护绿地、居住用地及少量工业用地。快速路为高于地面 12m 的高架，铁路路基高于地面 5m，两条铁路间场地北向南侧逐渐变高，为 0.2~4m。

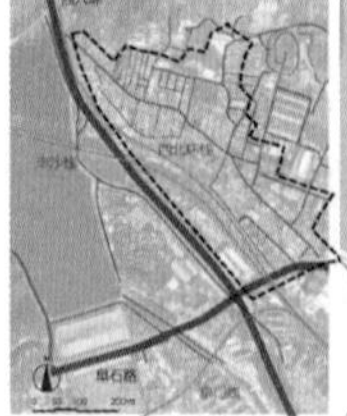

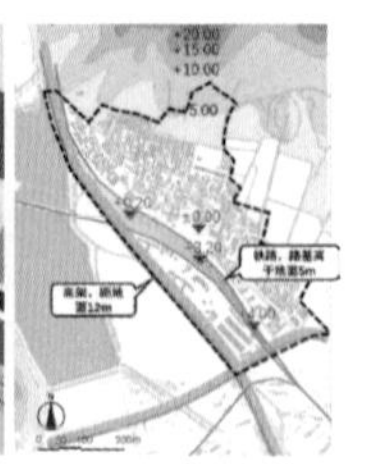

交通分析 Traffic Analysis　用地分析 Land Use Analysis　竖向分析 Vertical Analysis

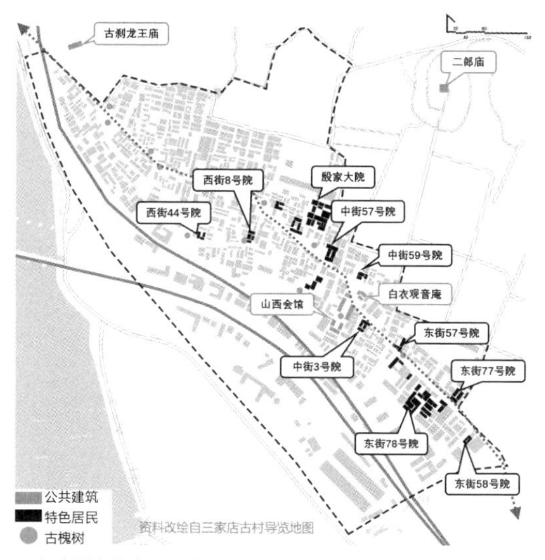

三家店村文化资源分布图
Distribution of Cultural Resources in Sanjiadian Village

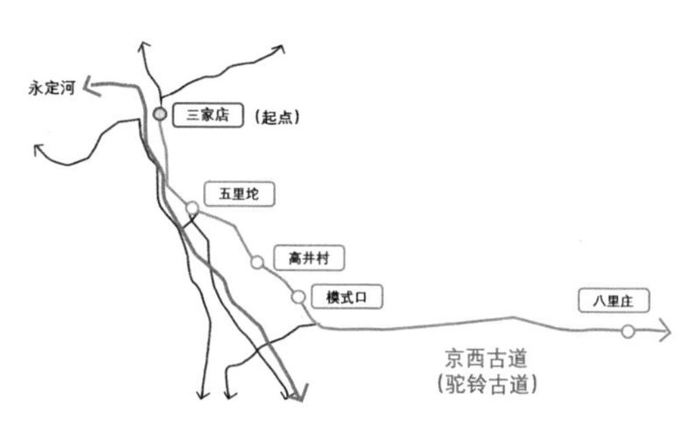

京西古道路线图
Route of Jingxi Ancient Path

三家店村为北京 16 个传统村落之一，在 2002 年被划定为北京市第二批 15 片历史文化保护区之一，为京西古道第一村。

驼铃古道从三家店开始，经石景山的五里坨、高井村、模式口等，东行 4km 到田村，经八里庄东行就到老北京西城的阜成门下。三家店作为京西古道的起点，同时也是永定河的出山口。

村落结构受周围山水影响，传统民居集中在村落南侧永定河沿岸，现多已拆除，保留下来的传统建筑多沿三家店中街分布，北侧山地的民居建筑稀少且多为新建。村落中民居建筑多为 1~2 层的坡屋顶建筑，新建小区多为 5~6 层平顶建筑。

整体居住用地总面积 256561m^2，居住建筑总占地面积 93262m^2，居住建筑总面积 98482m^2，保护建筑占地面积 7621m^2。

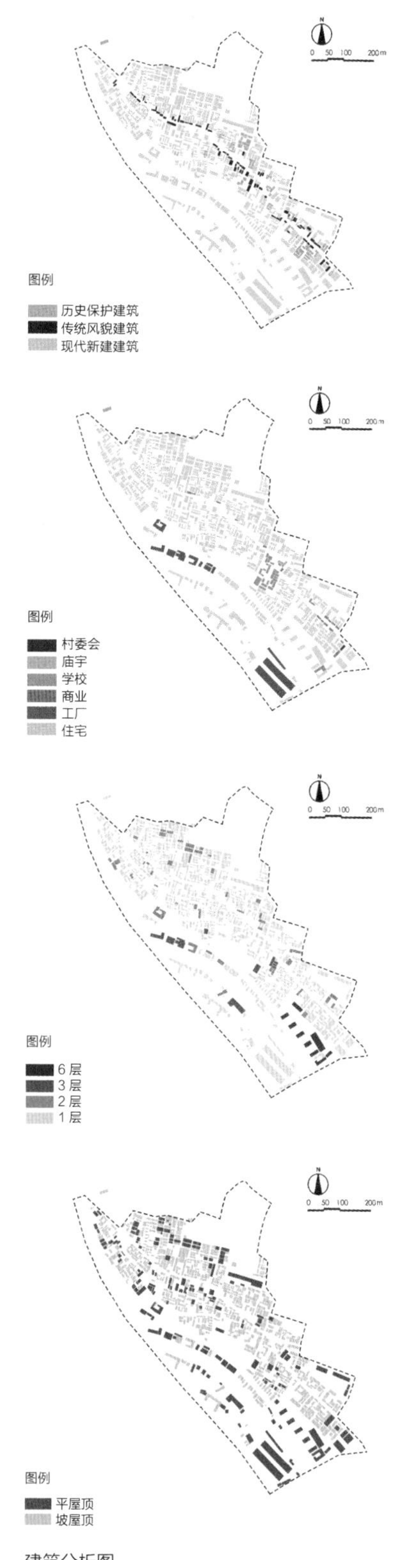

建筑分析图
Analysis of Buildings

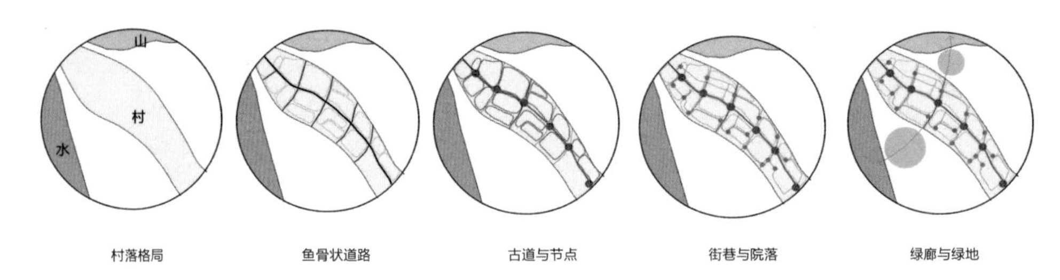

设计概念图
Design Concepts

2. 设计定位

呼应规划主题，在区域地块内完善慢行体系，连接山水城；并作为文化绿廊上的重要节点。结合现状分析，提出定位目标：

目标一：扎根乡土，延续传统文脉。

目标二：京西古道，发展特色旅游。

目标三：邻里街巷，激发社区活力。

最终定位形成具文化根脉、特色吸引、社区活力的古道街巷网络绿廊。

3. 设计策略

根据目标定位，结合场地现状，提出对应策略。

策略一：十字街市 · 驼铃古道系统——保护修缮古宅古树，结合驼铃古道文化形成京西八景。

策略二：邻里街巷 · 微园林系统——完善村庄基础设施，实现交流与共享。

策略三：开放绿地 · 城市公园系统——连接山水城，提供户外游憩空间。

最终形成山林—游憩地—村落—城市公园—城市—滨水的景观结构。

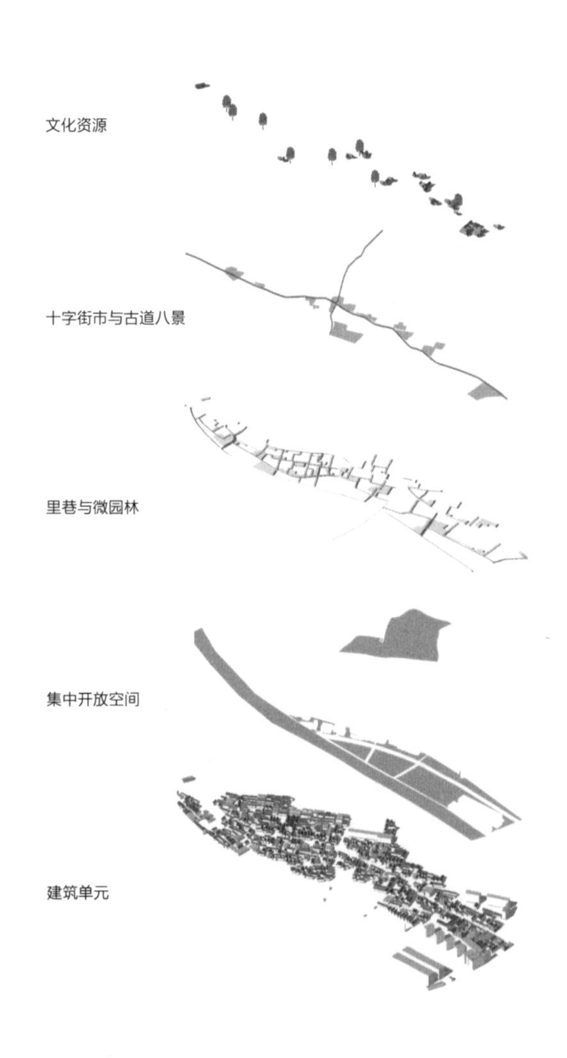

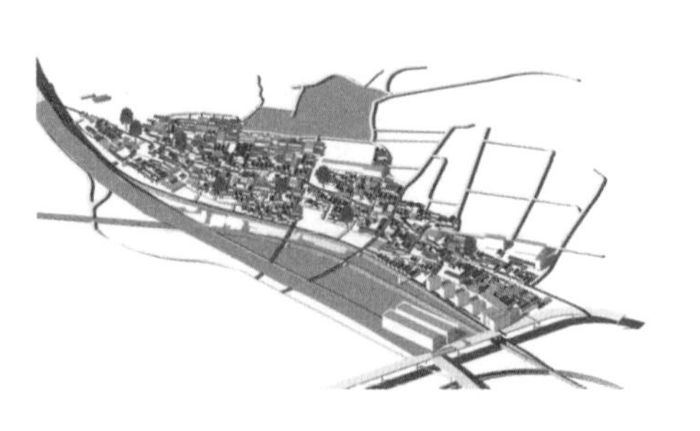

景观结构图
Design Structures

策略一：十字街市——驼铃古道系统

空间分类：十字街市主要为游客服务，根据不同的空间类型，划分为古道驿站、驼铃街市、历史寻迹 3 类，并设计古道八景。

营建模式：古道驿站空间主要位于重要的交通节点处，结合商旅文化为游客提供休憩处，由停坐设施、自行车驿站、活动广场构成。驼铃街市空间主要沿三家店中街展开，对标产业更新，植入非遗文化，结合游客需求，恢复部分历史店铺，如铁匠铺、当铺、茶馆客栈等。历史寻迹空间主要依托原有古建筑院落空间，如东街 78 号院，结合文化廊道，供游客参观，空间要素为观景引导设施、文化景墙等。

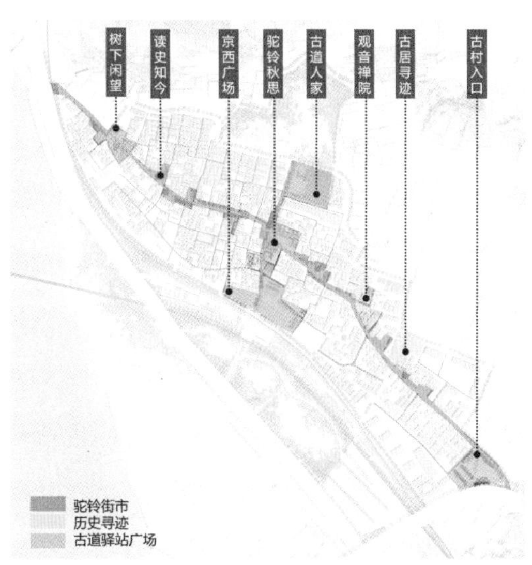

驼铃古道系统空间分类
Space Classification of Camel Bells Ancient Path Systems

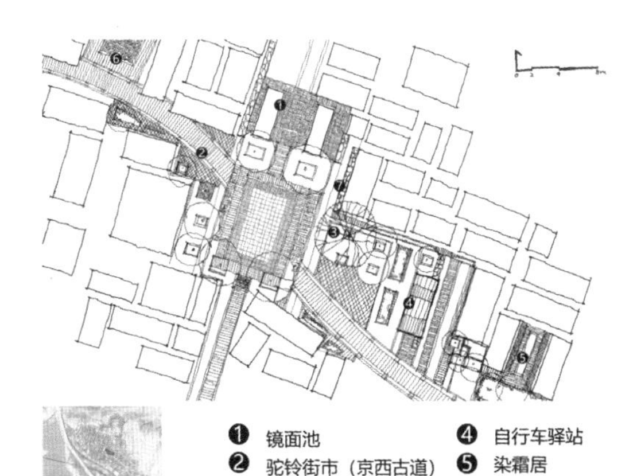

八景 1 驼铃秋思平面图
Plan of Tuolingqiusi

八景 1 驼铃秋思效果图
Perspectives of Tuolingqiusi

八景 2 古村入口效果图
Perspectives of Entrance of Old Village

八景 3 京西广场效果图
Perspectives of Jingxi Plaza

策略二：邻里街巷——微园林系统

空间分类：微园林系统主要分布在胡同里巷中，为居民服务，根据不同的空间类型，划分为微花园、微广场、微设施 3 类。

营建模式：微花园分布于建筑街巷小空间，以菜圃、花园为构成要素，并结合儿童活动，教学实践。微广场主要位于胡同街巷中重要的交通节点处，为居民提供交往、户外休闲的场所。微设施主要在巷道中加入户外家具。

策略三：开放绿地——城市公园系统

空间分类：根据景观结构与周边环境分为村落与山林过渡的郊野游憩公园部分和村落与城市过渡的街头休闲公园两部分。

微花园
Micro Garden

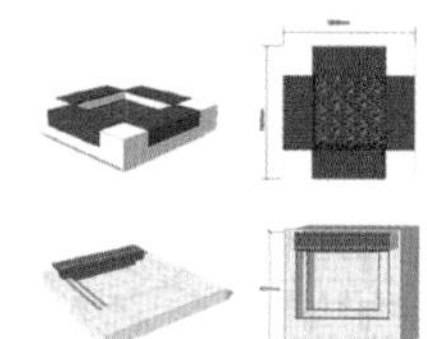

微设施
Combined Facilities

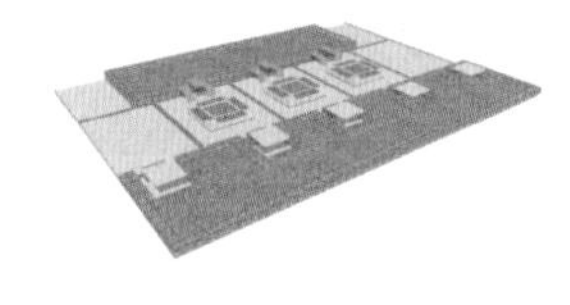

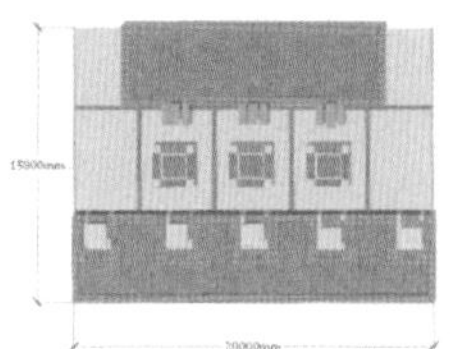

微广场
Mini Plaza

微园林系统空间分类
Space Classification of Micro Garden Systems

微花园效果图
Perspectives of Micro Garden

郊野游憩公园
Country Park

城市休闲公园
Urban Park

微广场效果图
Perspectives of Mini Plaza

桃源居效果图
Perspectives of Taoyuanju

郊野公园效果图
Perspectives of Country Park

鸟瞰图
Aerial View

三家店古村落及周边地块规划设计方案二

Sanjiadian Historic Village and Surrounding Area Design Plan 2

设计者：徐昕昕
场地面积：38hm²
关键词：传统村落、乡村营建、京西古道

设计总平面图
Site Plan

1. 场地分析

三家店村是京西古道上重要的古村落之一。在上位规划中，是串联文化遗产、构建游憩体系的主要节点。

三家店村自辽金时期起就有居民在此定居，在宋元时期受到金口河漕运的影响，成为京西重要的交通枢纽。明清时期，三家店村商业繁盛、店铺林立，村民住宅以京西古道为中心向两侧发散。在京张铁路修建后，三家店村的交通转运功能受到削弱，村落地位不断下降。

由于村民对文化遗产的保护意识比较差，村中的古建筑受损严重，古村风貌不再。落后的产业与缺乏维护的配套设施使得村中的建设陷入了恶性循环，历史上京西古村落的繁盛景象不复存在。同时，由于缺少合理的公共空间，居民之间的交往越来越少，古村的街坊乡情不见，古村失去了活力。

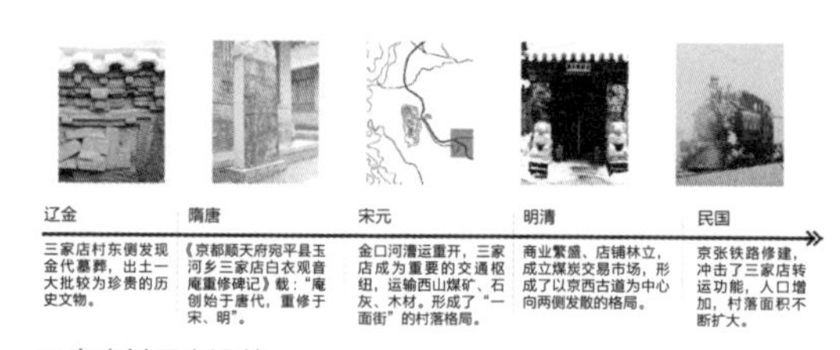

三家店村历史沿革
History of Sanjiadian Village

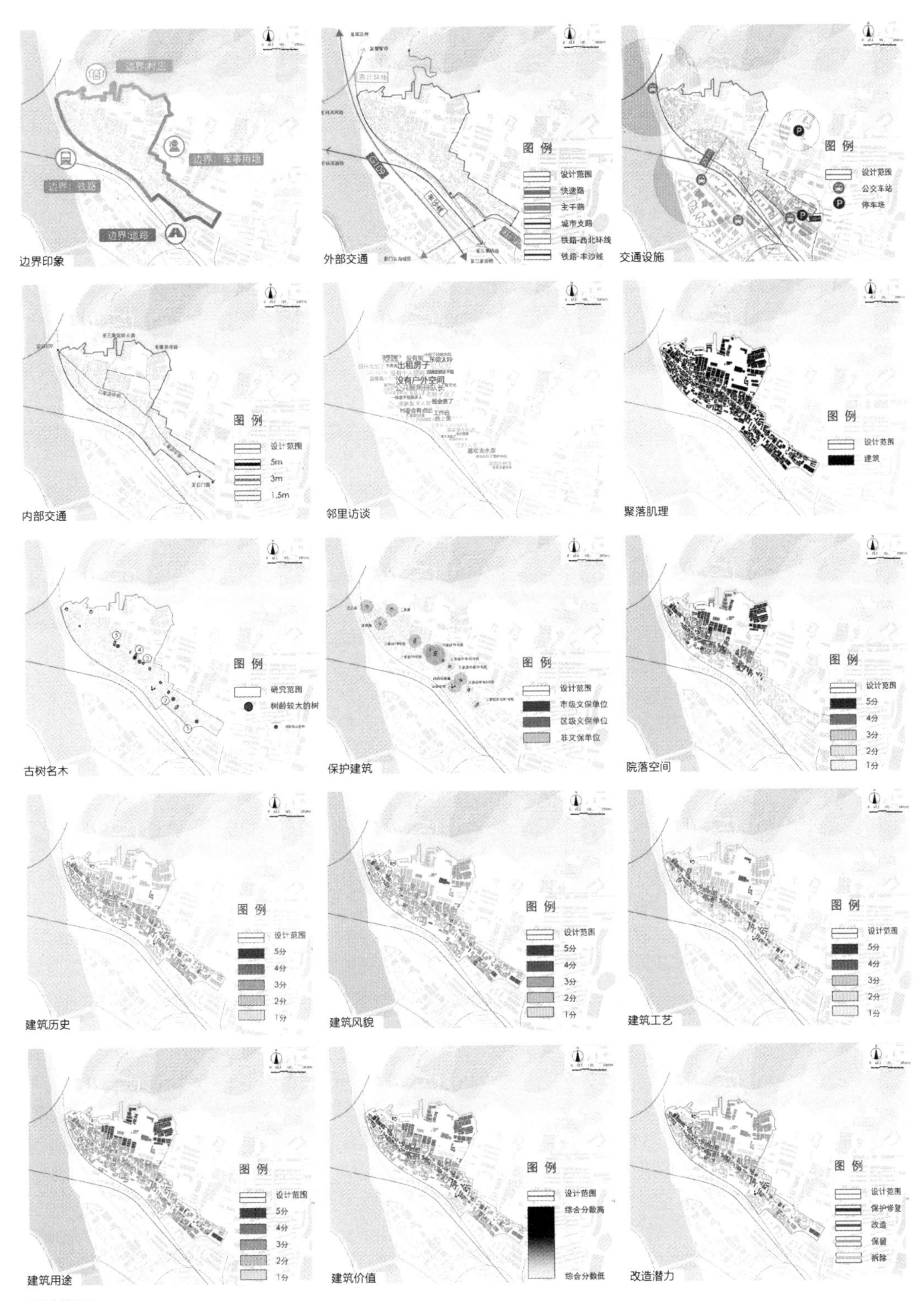

场地分析
Site Analysis

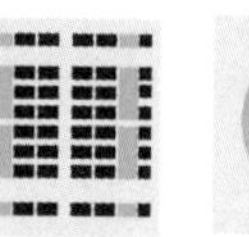

整体设计策略
Overall Design Strategy

2. 设计策略

根据三家店古村落古村风貌不再、商街繁盛不存、街坊乡情不存的现状，设计方案提出了重现历史文化名村风貌、打造文旅融合发展的新业态、构建富有生活气息的绿地体系三个策略，将三家店村建设为以展现客驿商镇文化的京西古道为主干，绿地体系为枝蔓，衔山带水，文旅共融的历史文化名村。

其中重现历史文化名村的风貌包括以下三点：

（1）重塑街巷空间。

（2）修复、改造、保留与新建建筑。

（3）增加青瓦、青砖、黑煤与黄木等设计元素。

打造文旅融合发展的新业态包括了：

（1）修建民宿、手工艺品工坊、茶室等建筑。

（2）设立香会、市集、古道驼铃、板栗节等节日。

构建富有生活气息的绿地体系包括了构建小微绿地、共享庭院绿地、社区公园与自然山林四个层次的绿地。

3. 详细设计

三家店村与很多的传统村落一样，面临着城市蔓延和人口下降带来的挑战，以历史文化作为吸引点可以为三家店村的产业注入新的活力，但是同时越来越多的访客势必会对该地区的自然环境与居民造成负担。为了三家店村的可持续发展，规划方案需要建立游客、村民、自然三个层次的系统，融合场地内独特的景观要素，展现三家店村悠久的村落文化，使得旅游与文创产业能够作为村子发展的主要驱动力，在提高当地居民收入的同时，向北京展现三家店村的独特魅力。

规划后的三家店村共分为四个功能分区，分别为位于三家店村入口附近，包括了游客服务中心、医疗室等服务设施的综合配套服务区；包括了代表三家店传统商业的驿站、驼马市、铁匠铺，以及新引入的艺术家工作室、画廊等建筑的文化创意产业区；包括了大量的文保建筑和公共活动区域的历史文化核心区；包括了原有及新建的村民住宅，保持了原真朴质的村民生产生活方式的传统村落生活区。

在交通体系方面，车行道尽量从村落的外部通过，减少对场地内部的干扰，并将停车场与游客服务中心等建筑相结合，减少占用地上空间，破坏古村风貌。主要步行道以三家店中街为核心，分东西两条向山与河的方向延伸。次要步行道围绕三家店中街成环，连接院落的小路形成下一级的巷道。

在绿色空间方面，三家店村以广场、小微绿地、共享庭院承载居民与游客日常交往的需要，以社区公园满足人们游憩健身的需求，最后通过种植防护林形成对村庄的围合与保护。

在服务设施体系方面，场地内设计有公共设施、商业设施、游览及文化设施，可以满足村民及游客生活、问询、游览、餐饮等需求，提供宜人的生活环境及全面的旅游服务。

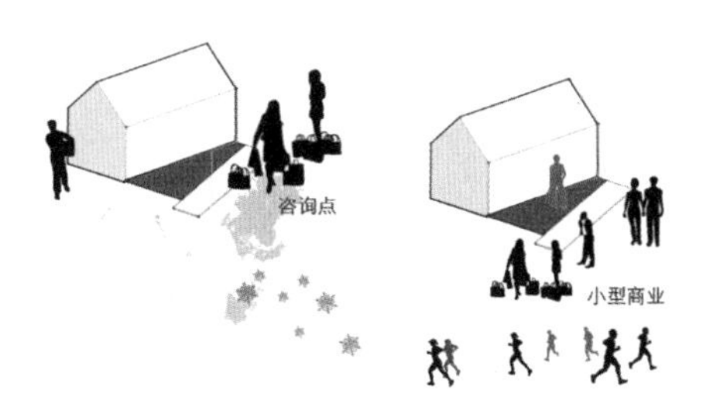

街角空间设计策略
Corner Space Design Strategy

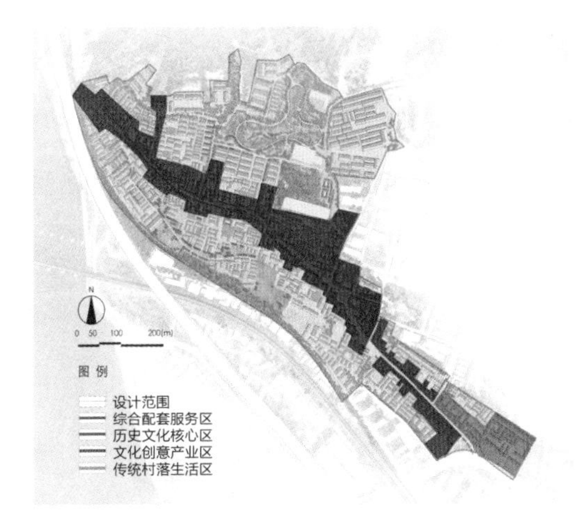

功能布局规划
Layout Index

交通规划
Transportation Planning

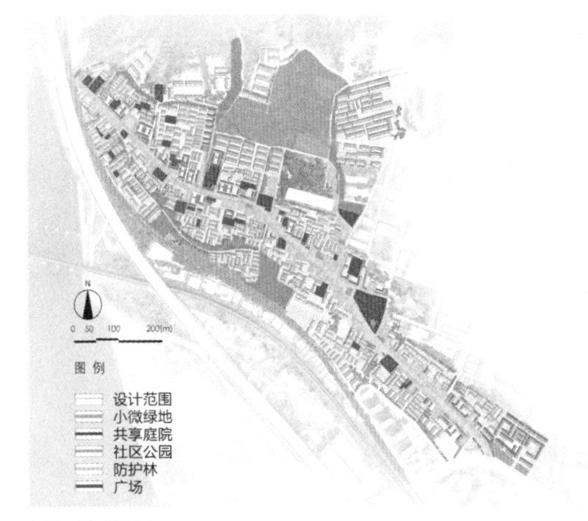

绿色空间规划
Green Space Planning

服务设施规划
Service Facility Planning

稻田花海效果图
Flowers in Paddy Fields Perspectives

古渡怀古效果图
Ancient Ferry Perspectives

香道寻古效果图
The Way to Temple Perspectives

山栗飘香
Chestnut Hill Perspectives

青山遇雪
Snow Mountain Perspectives

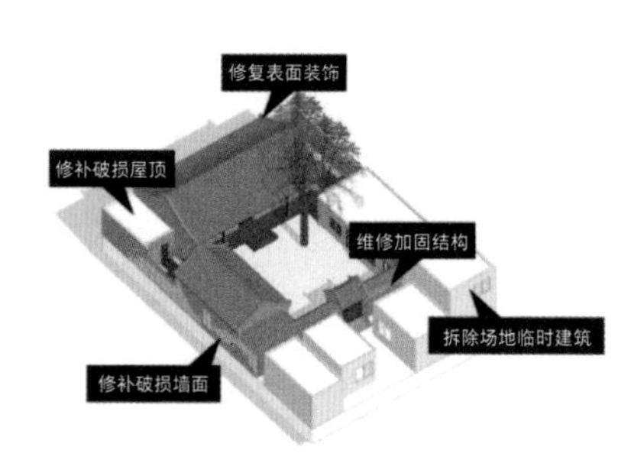

拆除临建，修旧如旧

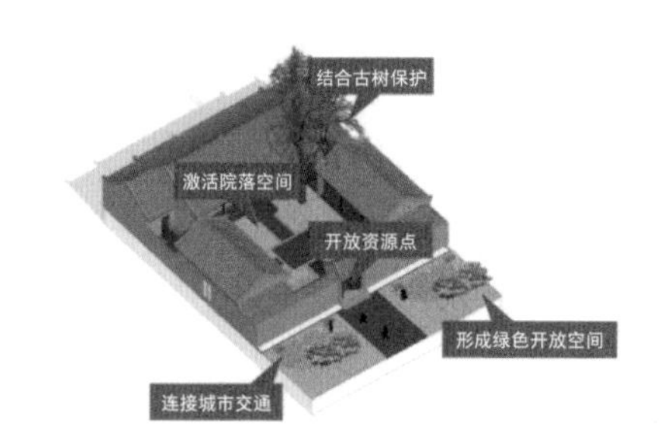

激活院落空间，丰富业态与建筑功能

建筑保护与更新策略
Architecture Protection and Renewal Strategy

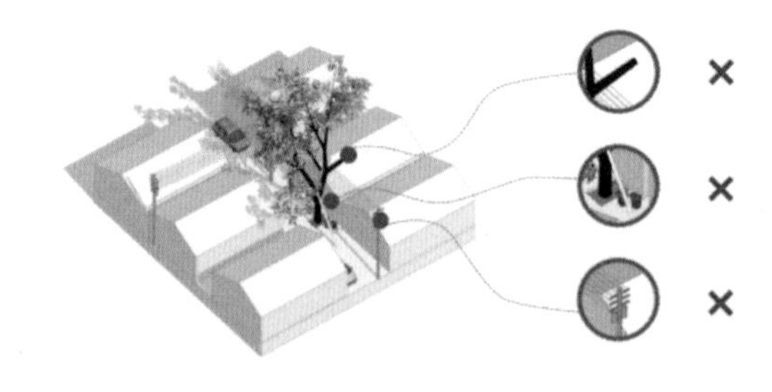

清除古树名木周围的垃圾、临建和电线

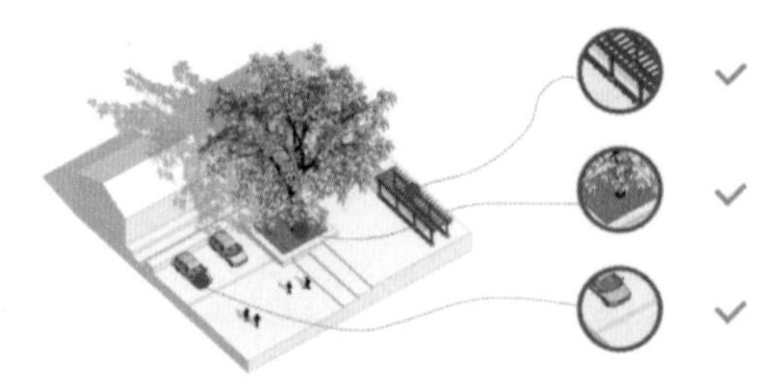

围绕古树名木形成公共空间，增强对古树名木的养护

公共空间设计策略
Public Space Design Strategy

驼铃古镇与山居民宿是三家店村两个具有代表性的重点深化区域。驼铃古镇以当地的石材为主材，以传统建造技术恢复了明清时期三家店村的风貌。戏台、祠堂和历史博物馆突出了古村的文化，成为组织民俗展演和节庆活动的舞台。客栈、洋片坊、琉璃坊等传统业态与手工艺作坊更成为三家店村对外展示的名片，带动了村民对文化的传承，刺激了片区的活力。

穿过驼铃古镇，向三家店村的北山前进，以住宿疗养为主的山居民宿与果林花木融为一体。三家店村的山居民宿不仅为到访三家店村的游客提供了深入体验古村文化的机会，也为途径三家店村，希望继续探索京西自然人文景色的游客提供了休息场所。通过发挥三家店村京西旅游门户的功能，琉璃厂、斋堂镇等传统的京西旅游景点将获得更多的发展机遇。

此外，三家店村结合自身的人文与自然风貌，打造了稻田花海、古渡怀古、旧院人情、青山遇雪、山栗飘香、香道寻古等景观，为古村增加了新的风景。一砖一瓦，三家烟火，一驼一铃，千年乡景，三家村的更新改造在美好的设计愿景中开始起步。

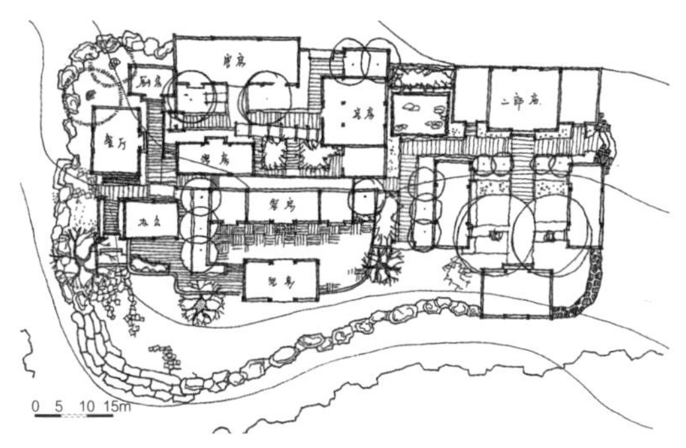

重点区域深化－山居民宿
Enlargements-Mountain Homestay

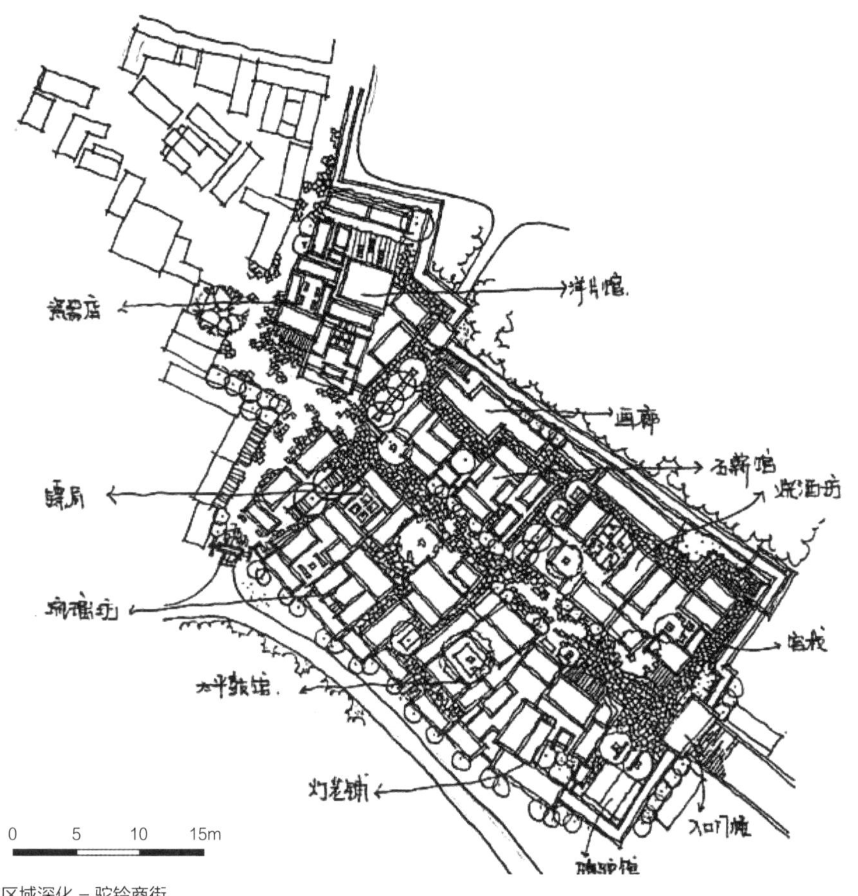

重点区域深化－驼铃商街
Enlargements-Tuoling Commercial Street

三家店东生态廊道设计方案

Design of Ecological Corridor in the East of Sanjiadian Area

设计者：林俏
场地面积：30hm^2
关键词：社会公平、生态廊道、浅山

01 入口广场
02 村落文化中心
03 台地剧场
04 儿童活动中心
05 村落改造区
06 春溪花谷
07 集水坑塘
08 阳光草坪
09 林间广场
10 运动广场
11 生态梯田
12 景观花田
13 截水沟道
14 蓄水坑塘
15 极限运动区
16 瞭望台
17 山地露营
18 浅山植被恢复区

设计总平面图
Site Plan

1. 场地分析

场地位于村落用地和浅山区域的交接处，北侧为植被恢复区，南侧为三家店村落，大院形成的封闭空间给场地带来了交通上的不便性。设计范围的北侧为天泰山健康步道的起始区域，通过分析，此处有较多的徒步人群，步道可通向西山森林公园，连接小西山绿色空间系统。设计范围内包含了一个小型村落，村落由于横向发展受限，主要为纵向分布，内部人均绿地面积极低。现状场地西部有大量荒地，种植着零散的乔木。通过现状生态格局评价，设计场地生态安全水平较低，急需构建适宜的生态安全格局。通过对场地周边和内部住户的访谈，反映出该区域较尖锐的问题和需求——便利的生活设施和充足的公共空间，目前主要的生态问题是降雨时带来的内涝。

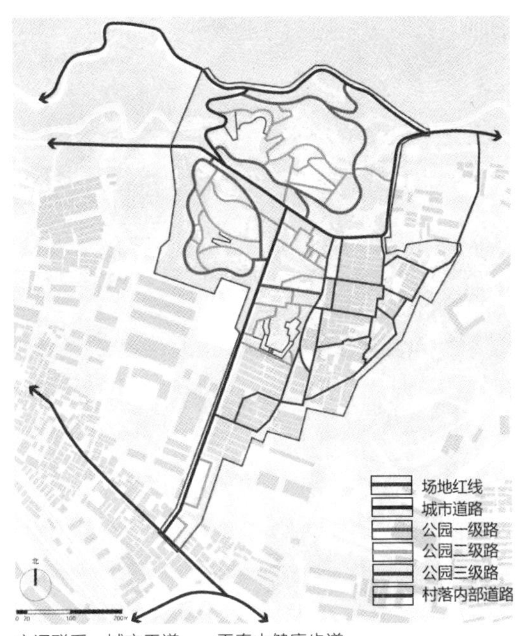

交通联系：城市干道——天泰山健康步道
Transportation Connection: Urban Road-Tiantaishan Health Trail

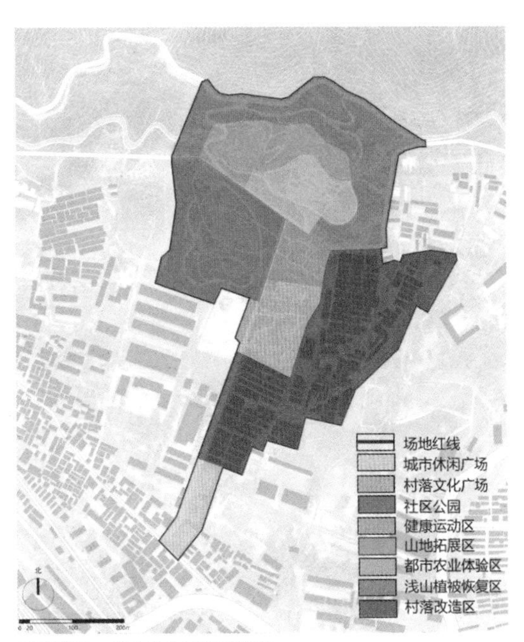

景观分区：多功能公园游憩体系
Landscape Division: Multifunctional Park Recreation System

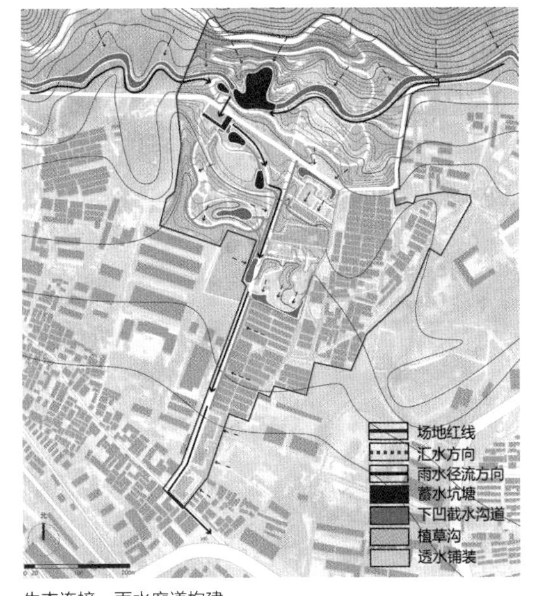

生态连接：雨水廊道构建
Ecological Connection: Construction of Rainwater Corridor

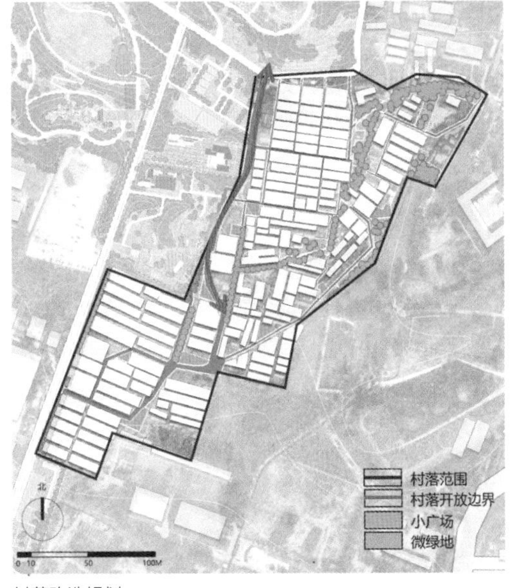

村落改造规划
Village Reconstruction Planning

2. 设计策略

设计通过将场地内的荒地和北部一部分非建设用地规划为浅山公园，连接天泰山健康步道，通过城市浅山的联动，带动区域景观的提升。同时将三家店村落北部纳入规划，实现社会公平的基本目标。

生态层面——生态廊道规划提升村落安全，疏通内部道路，改造提升绿地；社会层面——延伸村落空间，服务村落居民，村落内部利用边角地、空地形成小绿地和广场，进行立体绿化，提供更多的绿色空间；经济层面——通过三家店传统村落开发和浅山开发建设，为当地居民提供就业机会。

城市广场休闲区效果图
City Square

健康运动区效果图
Healthy Exercise Area

村落改造区效果图
Village Transformation

3. 分区设计

（1）城市广场休闲区：位于三家店传统村落的入口区域，提取村落机理，形成特色铺装，为游览三家店的游客提供休憩场所，指引通向浅山的道路，同时兼顾当地居民的集会需求。

（2）健康运动区：运动区为周边居民以及浅山步道的背包客提供多样的运动场所类型，兼顾休憩功能，提供休息和活动场地，促进健身团体组织之间的相互竞技和交流。

（3）水质净化科普区：通过沉淀池—曝气池—植物净化—沙滤—净水池的过滤阶段实现水质净化。通过自然地形承接山地汇水，借由高差进行曝气净化。科普展示与景观相结合，展示自然河道景观的同时进行生态宣传。

（4）村落改造区：基于社会公平对村落进行改造，关注村落的共享空间和绿地，丰富居民生活，增强村落活力，促进村落发展。

（5）浅山植被恢复区：浅山主要以植被恢复、水源涵养为主，联动上方的林地，结合一些特色植物景观，打造野趣山地观光体验。

（6）都市农业体验区：种植当地农作物，形成兼顾观赏和经济作用的生态农田，同时为游客提供采摘体验。

（7）山地景观游赏区：位于天泰山健身步道的入口区域，通过下凹绿地截留山体汇水和泥沙，同时利用高差设计拓展运动区，借由山地良好的景观风貌实现独特的景观体验。

都市农业体验区效果图
Urban Farming Experience Area

山地景观游赏区效果图
Mountain Landscape Area

鸟瞰图
Aerial View

三家店与五里坨公园环景观设计方案

Design of Parkring in Sanjiadian and Wulituo Area

设计者：倪永薇
场地面积：$26hm^2$
关键词：公园环、宜居生活、活动策划

设计总平面图
Site Plan

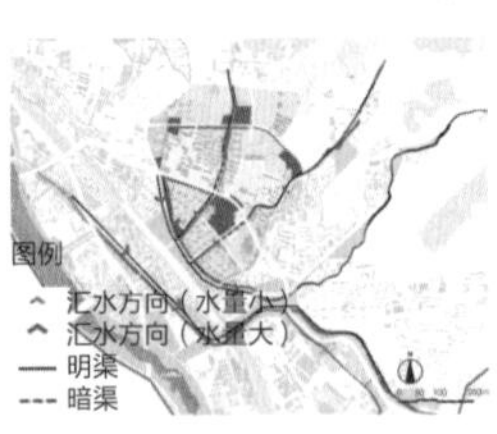

水系分析
Water System Analysis

周边用地分析
Surrounding Land Analysis

交通方式分析
Traffic Pattern Analysis

1. 场地分析

设计场地位于五里坨地区的居住核心区，处于不同类型居民生活公共空间需求与联动浅山关键位置。聚焦于生态绿色空间规划中的社会公平问题，剖析场地人口类型与需求、区域空间特质，在深入挖掘城市功能布局潜力和推导未来五里坨区域发展定位，达成山水共融、人城共生、全民共享的绿色生态空间构建目标。

现状用地内建筑较多，根据建筑密度和建筑质量。短期目标是在绿地选择过程中会腾退少量棚户，进行改造利用。用地区域的视觉建筑物覆盖度明显比城区低，建筑相对不太密集；天空开阔度相对城区整体较高；视觉绿化率景观提升更加迫切。

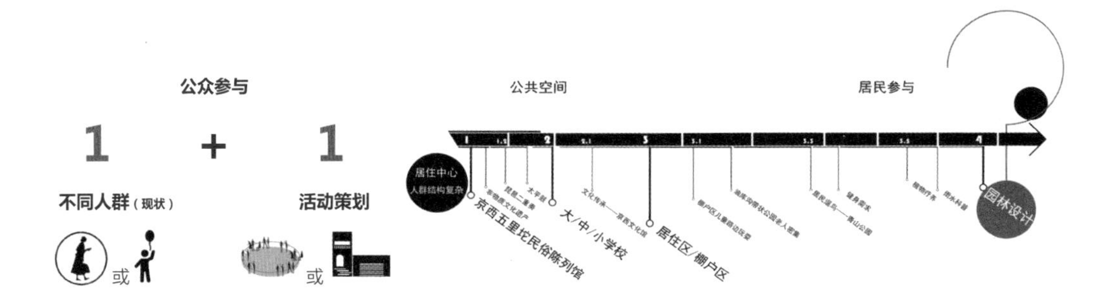

2. 小公园设计

儿童公园约 3.3hm^2，针对不同年龄层次设置玩耍的游戏岛，结合现状棚户建设科创产业。与周边学校结合进行定期儿童文艺、游戏比赛。

芳香植物休闲公园主要以芳香植物进行塑造，公园内部设置园艺花圃，并结合周边河道打造花溪主题。园艺花圃主要为居民设置，并组织花艺节。

运动公园约 3.6hm^2，提供社区运动需求，以及针对不同人群（障碍）进行相应的场地设计，结合健身教室进行体育比赛与健身课程等。

青山公园约 7hm^2，场地西侧京西文化馆为核心，东部高 20m 的山体上有兴隆寺等文物古迹。活动以文化艺术节为主，带动周边学校与艺术团的参与。

科创儿童广场效果图
Kechuang Children's Square

儿童游乐岛（3–5 岁）效果图
Children's Play Island (3–5 Years Old)

障碍人群篮球场效果图
Barrier Crowds Basketball Court

校外展示广场效果图
Off-Campus Exhibition Square

户外剧场效果图
Outdoor Theater

观景平台—花坡效果图
Viewing Platform-Flower Slope

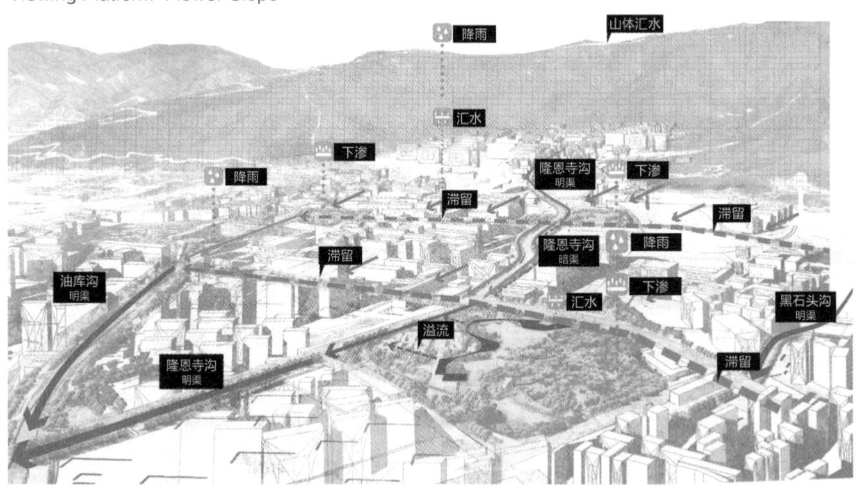

河道海绵设施分析
Analysis of River Infrastructure

3. 雨洪与植物设计

场地位于浅山地区，北高南低，雨季将会收集较多的山上来的雨水，公园环设置了较多的雨水设施以缓解雨洪压力。为了应对不同时期的干湿程度，采取一定措施保证水系的最小水面，并设计一定弹性空间。

公园环内所使用的植物以乡土树种为主，打造春花烂漫、夏日芬芳、芳香步道和海棠花溪 4 大主题，并有季暮幽香、霜叶辞柯、桃竹溪径、岸芷汀澜、林亭胜境、海棠夭夭 6 大植物景点。

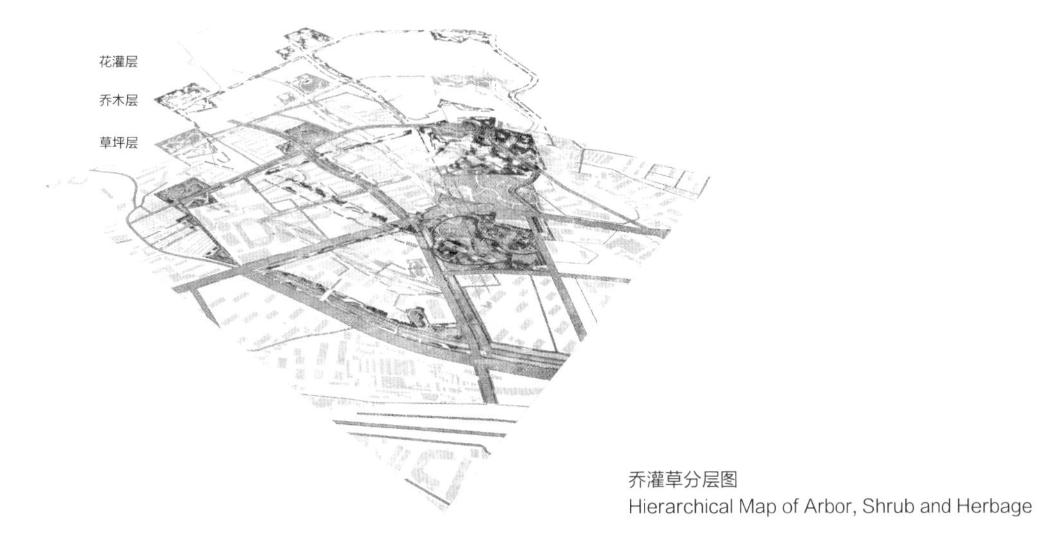

乔灌草分层图
Hierarchical Map of Arbor, Shrub and Herbage

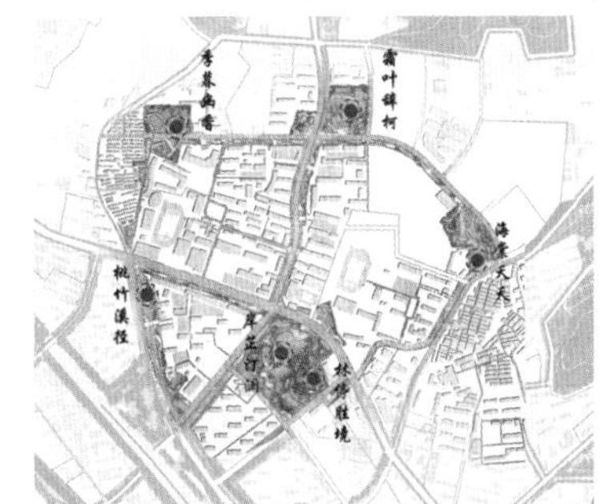

植物景点分布图
Distribution of Plant Scenic Spots

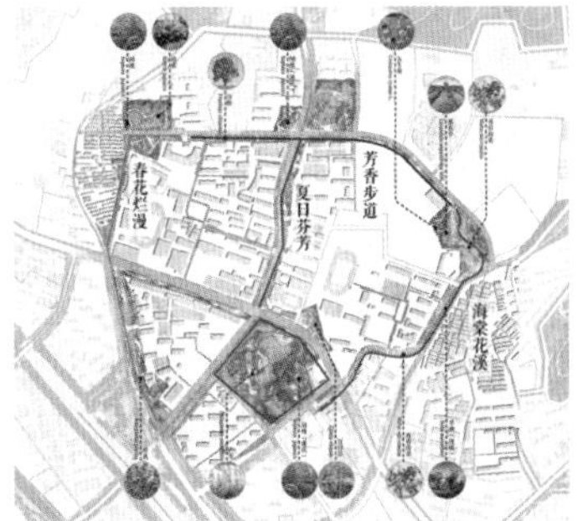

植物主题分布图
Topic of Plants

鸟瞰图
Aerial View

炮厂片区规划设计方案一

Artillery Factory Area Planning and Design Scheme 1

设计者：赵茜瑶
场地面积：66hm²
关键词：后工业、山地公园、社区更新

01 儿童活动区
02 室外茶座
03 草坪剧场
04 林间探险区
05 山顶平台
06 厕所
07 秋华小径
08 观鸟亭
09 水塔草坪
10 半山体育场
11 园艺花园
12 活动广场
13 围棋广场
14 街头花园
15 社区中心
16 观景台
17 社区活动场
18 入口广场
19 活动草坪
20 咖啡厅
21 观景台
22 野花草甸
23 休憩平台
24 活动场
25 阴生植物园
26 观景台
27 观景台
28 阶梯广场
29 停车场
30 公园管理中心
31 休息区
32 中心活动绿地
33 滨河草坪
34 文创交易中心
35 商业步行街
36 炮厂文创园
37 商业街中心绿地
38 水景广场
39 购物中心
40 站台广场

N
0 10 20 50 100m

设计总平面图
Site Plan

1. 场地分析

五里坨地区位于北京市石景山区北部，永定河和小西山相夹处，与门头沟区接壤，属北京市中心城区的中心地区内少有的开发程度较为滞后的区域，西山机械厂及周边片区位于五里坨地区中部，处于山区向城市过渡的地带。

西山社区地区的绿地在五里坨地区绿色空间规划中的定位和功能是复合多样的，是一个联系各方的重要节点。

西山社区以昔日“京西八大厂”之一的北京西山机械厂的厂区和家属区为主，近年来厂区生产停滞，社区基础设施更新缓慢，居民生活游憩需求得不到满足。与此同时位于天泰山余脉上的社区内部保有丰富的山地林地资源，是城市宝贵的景观资源。

历史变迁
Development History

2. 设计策略

联系绿色空间网络规划中对该区域绿地的定位，联系场地实际提出四个设计策略，在满足浅山区绿色空间生态和游憩功能的原则的同时，密切结合场地实际，使用和保护并重，运用风景园林的手段回应了城市更新的问题。

策略一：梳理视线廊道，连接山林与城市

露出山体，设置视线窗口和视线通廊，基本实现从城市界面对山地公园“看”的需求。尊重山体的轮廓线，利用植物强化山地公园地形的起伏，以主次分明、规律和谐的植物轮廓线构筑优美的城市景观轮廓。

策略二：更新用地性质，激发社区公共活力

设立大型商业中心和商业步行街，激发区域活力。对社区服务功能进行就地保留、整合，形成品质更高的社区服务中心，在社区中心形成能够满足居民便民需求的活力中心。对基本已停止生产的西山机械厂厂区进行修整改造，借由厂区内已经出现艺术家工作室入驻，将厂区转化为艺术文创园，吸引艺术家和设计团体进驻。

策略三：完善游览系统，建立景观慢行体系

对设计范围内的城市慢行道路进行连接，联通缝合城区和山地、水系的慢行系统，形成由山地公园园路、城市道路人行道、社区慢行系统与各类室外活动场地构成的景观游览系统。

策略四：更新山林，织补绿色空间，构建区域生态踏脚石

五里坨地区浅山山林以侧柏和油松纯林为主，基本为 20 世纪五六十年代人工造林运动的产物。通过对人工林进行近自然化改造，调整林木间的竞争关系和资源利用情况，促使森林主林层优秀个体的生长发育。同时，保护和促进林下天然更新，并在天然更新能力较弱的区域补入适应本地区立地条件的顶级群落树种，促使森林恢复自我发展机制。

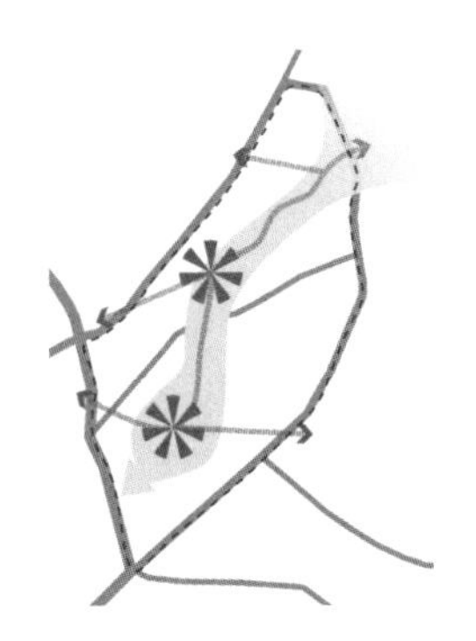

策略一：
梳理视线廊道
连接山林与城市
Strategy 1: Combing Sight Corridors to Connect Mountains and Cities

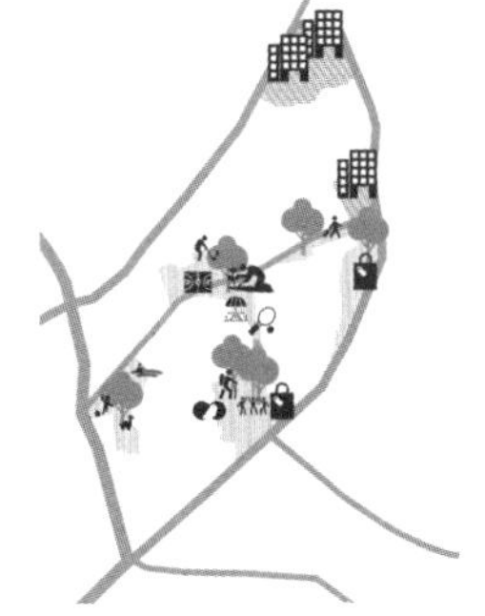

策略二：
更新用地性质
激发社区公共活力
Strategy 2: Update the Nature of Land Use to Stimulate Public Vitality

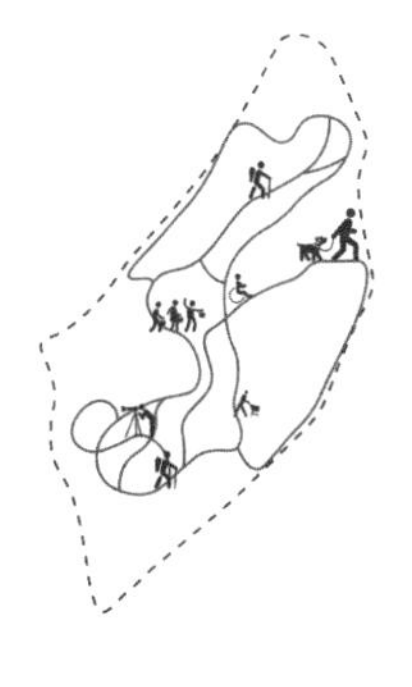

策略三：
完善游览系统
建立景观慢行体系
Strategy 3: Improve the Tour System and Establish a Slow Traffic System

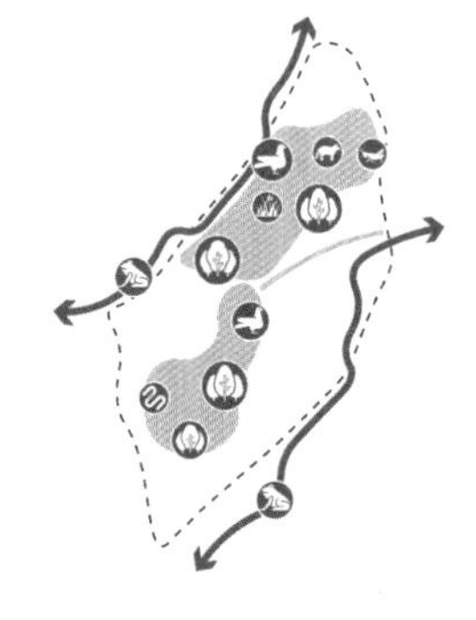

策略四：
更新山林，织补绿色空间
构建区域生态踏脚石
Strategy 4: Renew the forest on the Mountain and Mend the Green Space

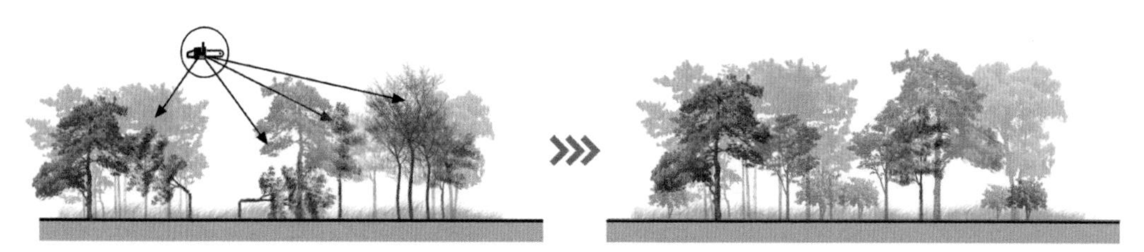

疏伐病腐木、虫害木、枯立木、风折木、濒死木及被压弯曲木

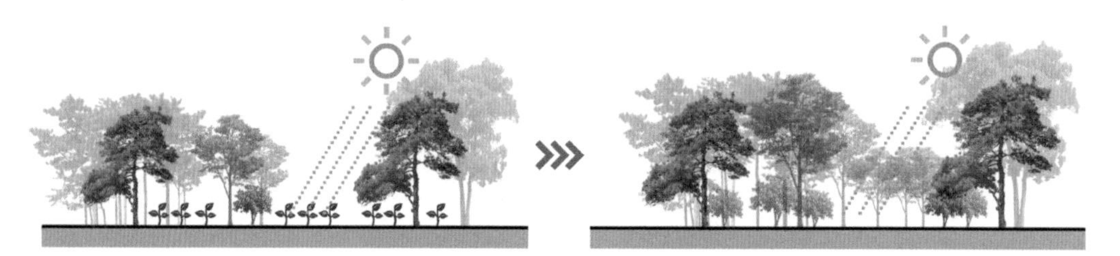

利用林木自身繁殖能力形成新一代幼林

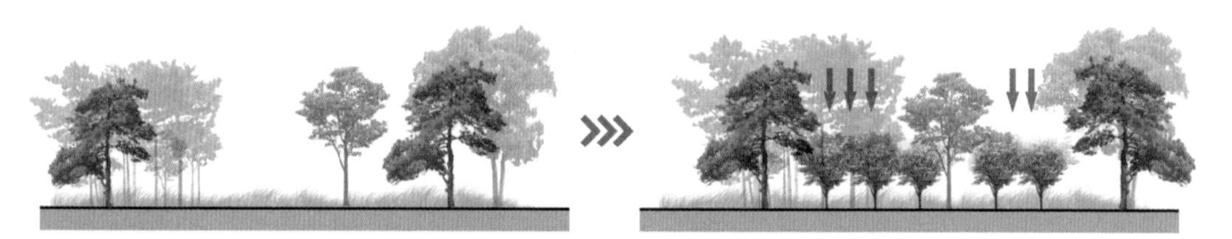

在天然更新能力较弱的地区适当人工补入栓皮栎

人工林近自然化改造策略
The Strategy of the Close-to-Nature Transformation of Artificial Forest

3. 分区设计

（1）炮厂山地公园南段：通过拆除占据山坡的棚户区，获得将山引入城市开放界面的空间，并利用这些缓坡地带布置活动场地和功能空间，供周边居民使用。炮厂山中部和南部坡度较大，并且聚集有许多鸟类，不适宜布置大的活动场地和密集的园路。通过结合地形设置的登山步道人们可以舒适地登上山，深入山林之中亲近自然，眺望远处的城市风光，同时保留与动物的距离减少对它们的惊扰。沿步道布置了多处观景平台，可以饱览五里坨城市风光。

（2）炮厂山地公园北段：山地公园北段原有植被覆盖情况较差，在补植植物的同时突出植物景观特色，形成野花草甸、阴生植物园、桃杏果林等植物景观节点，并结合植物景观开展露营、采摘、科普教育等活动。面向城市利用绵长的山体形成风景林带。

（3）军工社区社区中心：现状该区域聚集有社区医疗中心、老年中心、菜市场、商店等，但各自分散、环境品质差，缺少公共活动的空间。通过就地改造重建，将医疗、养老、菜市场、商店等功能集中于社区中心中，利用现状存在的堡坎平台和腾退出的空间，设计运动场地和休闲绿地，满足社区居民需求。

（4）炮厂文创园：依托已经出现的文化类产业聚集现象建立文创产业园，对原炮厂厂区进行产业置换和空间改造，对厂区建筑进行保留改造，设立以展览和大型活动为主要功能的创意中心和艺术家工作室、创作室以及企业办公楼。

（5）商业街：结合南边未来即将出现的大型居住社区，在山脚设计步行商业街区，吸引人流带动炮厂地区活力。商业街内包含多块景观绿地，起到引导视线和交通的作用，提升环境品质。南端广场保留利用了原存的炮厂专线站台，转化为咖啡茶座和休息区以及艺术品陈列台。

炮厂山地公园南段效果图 1
Paochang Mountain Park South Section

军工社区社区中心效果图 1
Military Industrial Community Center

炮厂山地公园南段效果图 2
Paochang Mountain Park South Section

军工社区社区中心效果图 2
Military Industrial Community Center

炮厂山地公园北段效果图 1
Paochang Mountain Park North Section

炮厂文创园效果图
Pao Chang Cultural and Creative Park

炮厂山地公园北段效果图 2
Paochang Mountain Park North Section

商业街效果图
Merchandise Street

炮厂片区规划设计方案二

Artillery Factory Area Planning and Design Scheme 2

设计者：方濒曦
场地面积：49hm^2
关键词：河道、山地、郊野公园

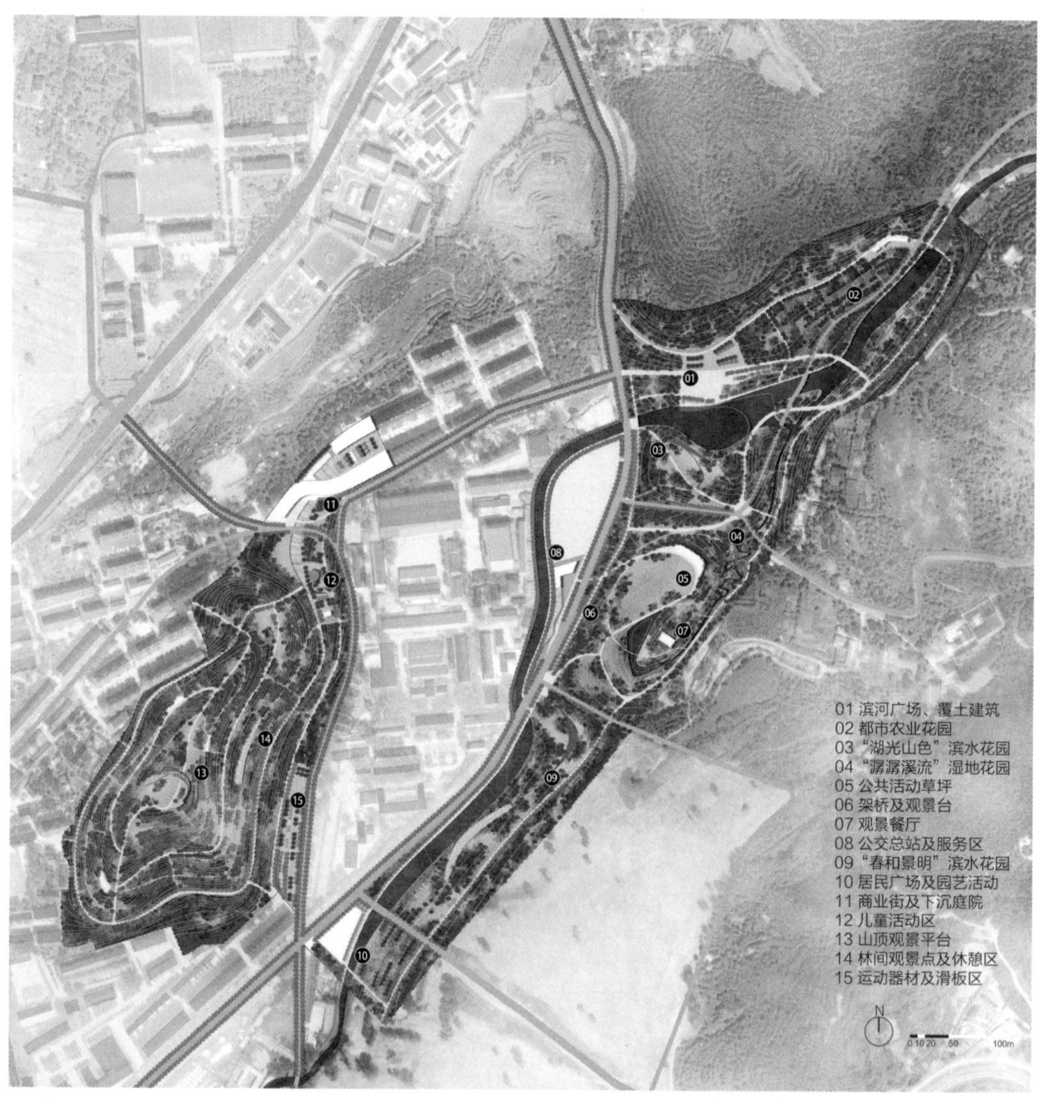

设计总平面图
Site Plan

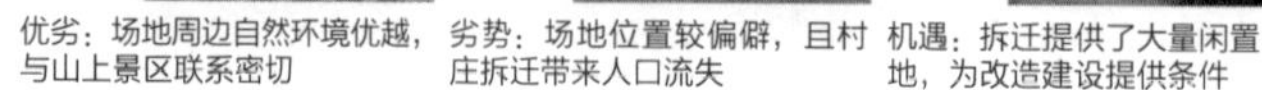

优劣：场地周边自然环境优越，与山上景区联系密切

劣势：场地位置较偏僻，且村庄拆迁带来人口流失

机遇：拆迁提供了大量闲置地，为改造建设提供条件

挑战：现状河道常年无水，生态性、景观性较差

场地特质总结
Site Trait

1. 场地分析

设计场地位于整体规划范围东南侧，是从模式口进入五里坨的入口区域。依托本组前期的规划，以石门路为界，石门路北侧将构建永引渠滨河绿带，形成连贯的绿色空间体系；在石门路南侧，我们将整合现有的废弃工厂等资源，建立一条产业园轴带，以此激活城市的消极空间，带动区域经济和产业的发展。

设计场地现有交通的布局对慢行交通缺乏考虑，场地多处被机动车交通割裂，道路两侧联系很弱，居民出行不够便捷。

设计场地竖向变化较为丰富，石门路从南至北逐渐抬升大约 5m，两侧城市用地从南至北逐渐下降大约 3m，且两侧城市用地始终较石门路高，形成了道路低、场地高的竖向布局。

2. 设计概念

公园基本设计概念为：整合片区景观资源、构建开放空间及绿道体系、调整现状功能组团、构建蓄洪缓冲体系、恢复自然生境。

通过绿色空间体系的建立，实现景观资源的共享，借由复合功能的组团提高区域活力，改善生态环境，实现与自然的共融。

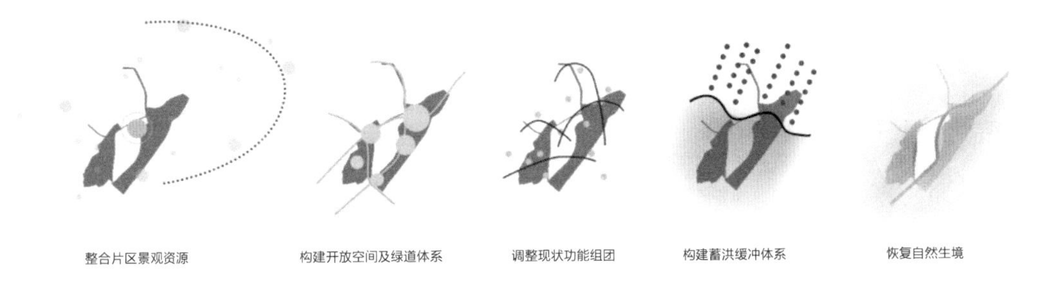

设计概念
Design Conception

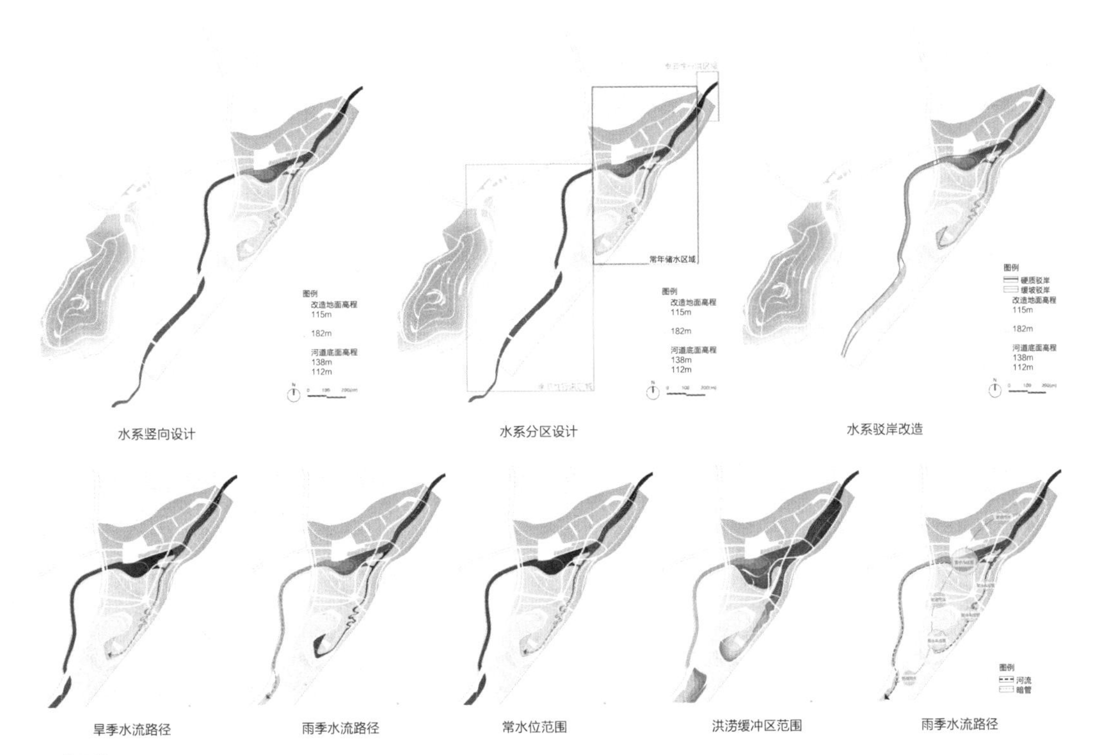

雨洪设计
Storm Water Management Plan

3. 设计策略

设计策略基于雨洪设计、竖向设计、植物景观设计、游憩活动设计四个方面展开。

雨洪及竖向设计方面，在原场地平缓地形的基础上，结合雨洪管理、游憩空间的考虑重新整理了场地竖向。将地表水分作季节性行洪区及常年储水区，并软化部分驳岸增强区域蓄洪能力及丰富滨水空间设计。此外，竖向整理对浅山地带的空间围合、视线组织进行了优化。

植物景观设计方面，依原场地条件选取乡土植物，塑造特色植物景观空间，有山花烂漫、枫林尽染、潺潺山溪、河堤风光四处典型区域设计。

游憩活动设计方面，基于公园的整体定位打造浅山区康养郊野公园。公园内设置供组织活动的多样化空间，如山顶平台、山林栈桥、河岸观景平台、湿地花园、都市农业园、下沉商业广场、公交总站广场。

类型 春花观赏、缓坡地山林草地植物群落景观
主要树种 毛泡桐、旱柳、垂柳、西府海棠、染井吉野、山桃

类型 秋色叶林观赏
主要树种 银杏、栾树、元宝枫、五角枫、白蜡、黄栌

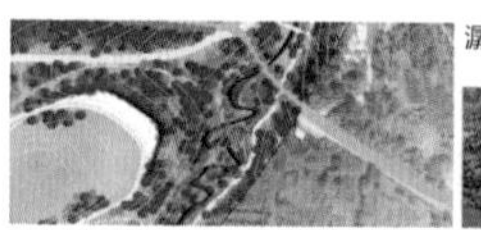

类型 水生、湿生植物景观
主要树种 国槐、杨树、栾树、垂柳、芦苇、香蒲、再力花

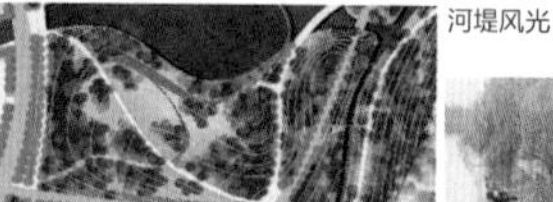

类型 滨水散步道植物景观
主要树种 毛白杨、国槐、山桃、刺槐、栾树、垂柳、金叶榆

植物景观设计
Plant Landscape Design

公园总体鸟瞰图
Overall Aerial View

4. 分区设计

公园共有 10 个功能分区：都市农业活动区、滨水活力区、开放草坪区、潺潺山溪区、滨河花园区、山林休闲区、山顶观景区、居民运动区、商业娱乐区及公交总站。

滨水活力区、都市农业活动区：分区位于公园北部，在黑石头沟岸边设计“湖光山色”滨水花园以及都市农业花园、滨河广场等；

开放草坪区：以公共活动草坪为中心，设置架桥、观景台、观景餐厅等，临近公交总站广场；

潺潺山溪区：由黑石头沟向园内引水，基于季节性水面设计湿地花园；

山顶观景区：山顶设置观景平台、服务建筑、山林栈桥，为公园对内对外视线引导的重点区域；

山林休闲区：山坡处观景及休闲区，设置步道、观景台等，该区植物景观设计丰富；

商业娱乐区：结合地形设计商业街及下沉庭院，庭院通过下沉步道穿越城市支路与山地公园相连接。

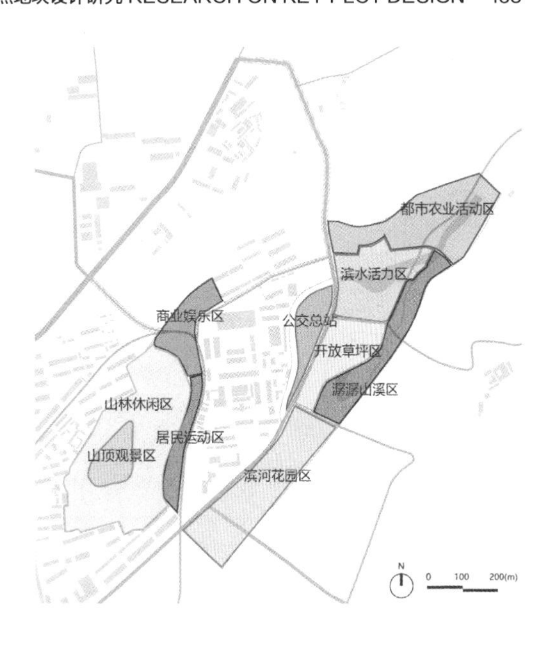

功能分区
Functional Zoning

山顶鸟瞰图
Aerial View of the Hilltop

山坡观景点效果图
Hillside View Point

黑石头沟河岸效果图
River Bank of Heishitou Canal

“潺潺山溪”湿地花园效果图
Wetland Garden

双泉村规划设计方案

Planning and Design of Shuangquan Village

设计者：严妮
场地面积：48hm^2
关键词：文化景观、旅游、村落振兴

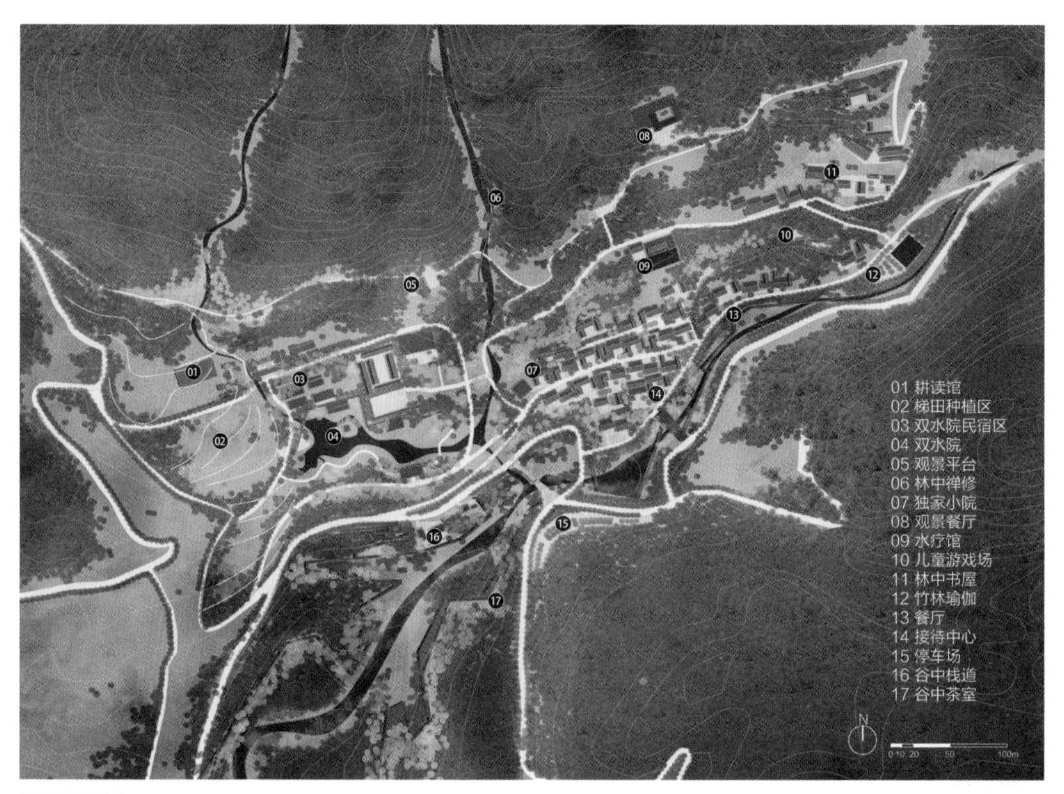

设计总平面图
Site Plan

1. 场地分析

设计地块位于五里坨浅山区，地处黑石头沟，包含双泉寺、万善桥及双泉村。海拔在200~270m，山顶可俯瞰五里坨城区，拥有绝佳的自然条件和地理位置，并且还覆盖了古香道线、“香八拉”健步线、双泉寺及万善桥，具有极高的文化遗产价值。

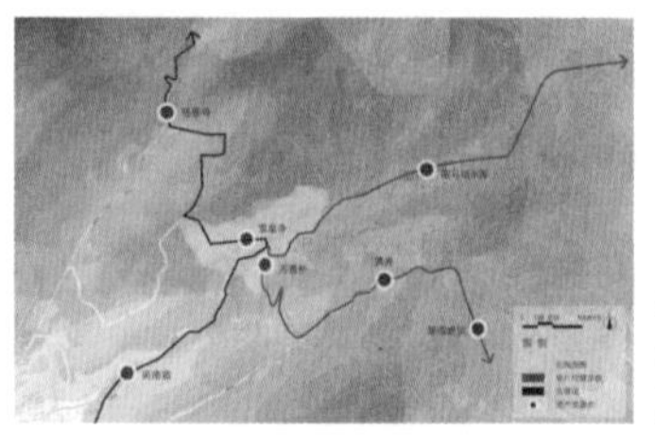

场地周边文旅资源
Cultural Tourism Resources

现场调研＋采访村民＋地形验证推测出双泉位置，西侧山泉仍有水，为私人占领，可饮用。东侧泉水早已枯竭，目前被垃圾掩埋

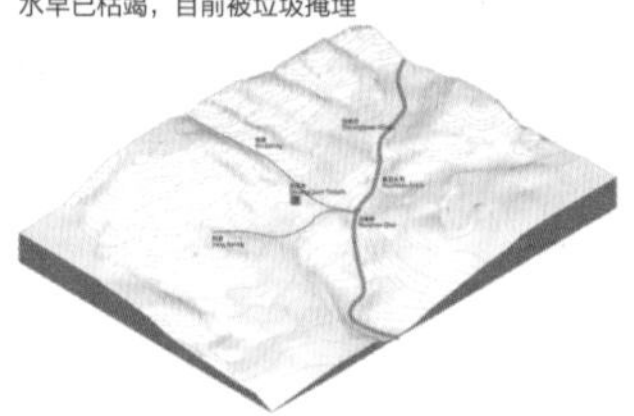

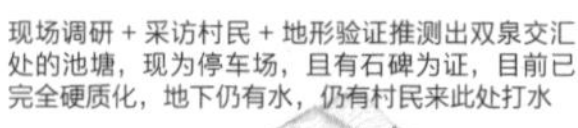

现场调研＋采访村民＋地形验证推测出双泉交汇处的池塘，现为停车场，且有石碑为证，目前已完全硬质化，地下仍有水，仍有村民来此处打水

历史空间推测
Speculation of Historical Space

现状建筑功能分析 Architectural Fuction Analysis

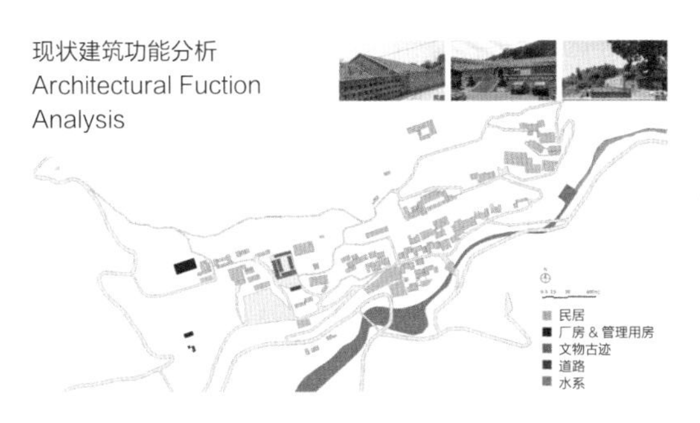

现状建筑风貌分析 Architectural Style Analysis

现状建筑改造分析 Architecture Renovation Analysis

现状视线分析 Visual Line Analysis

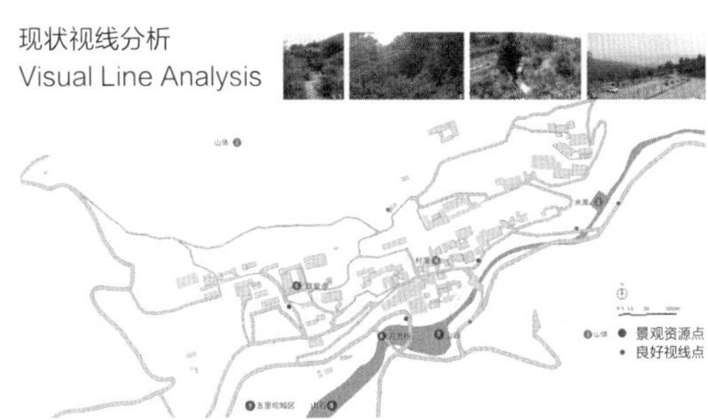

现状植被分析 Vegetation Analysis

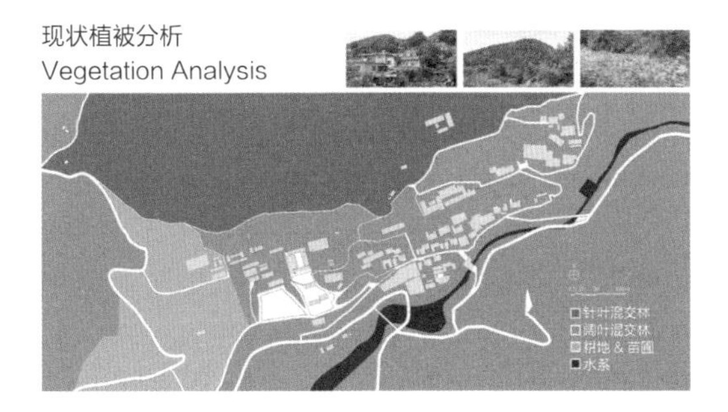

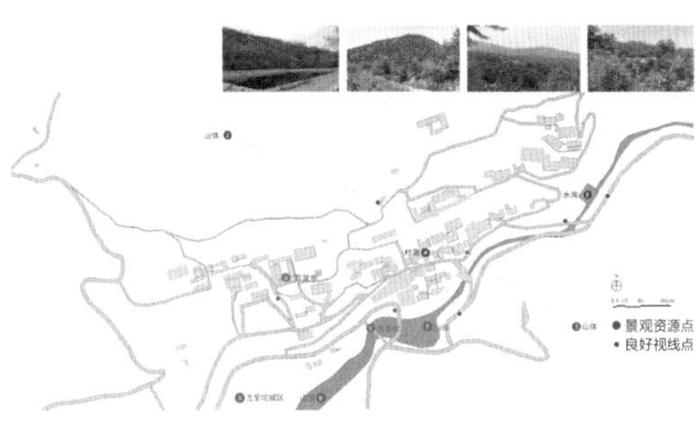

现状地形分析 Topography Analysis

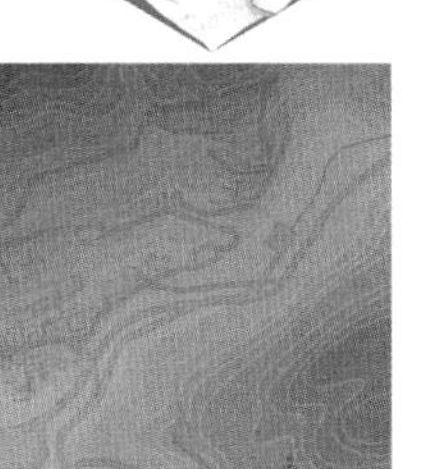

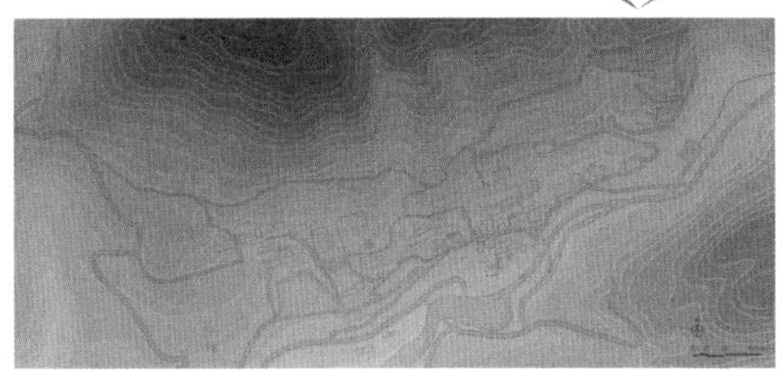

议题一：
文化传承

优质的遗产资源没有得到充分开发

议题二：
空间关系

得天独厚的空间关系没有被合理利用

议题三：
生态环境

村内建设及村民生活破坏生态环境

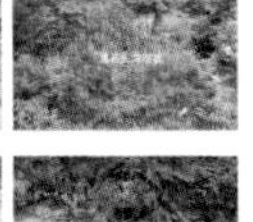

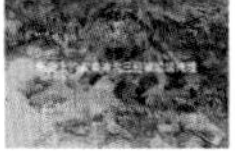

2. 设计策略

通过实地考察发现，古时的双泉仍然存在，并且具有较高的景观价值，但没有被合理开发。因此希望从文化景观角度出发，根据文献资料及实地考察，对双泉村进行选择性更新，开发其文化旅游资源，通过风景园林的手段实现产业优化和地区振兴。

具体措施包括，在尊重村落现有肌理的基础上，结合现状需求和历史文脉对于现有村落中的废弃工业厂房及消极基础设施（如垃圾堆放处）进行改造，此外根据历史文献和实地考察，对双泉遗址进行保护开发。

对于仍然有水但是被停车场埋于地下的阴泉，采取恢复和保护措施，营造水面景观。对于已经干涸的阴泉，利用植物配置形成旱溪景观，通过设置栈道体系和标识牌系统，吸引人们深入探访，起到科普教育作用。

此外，利用现有的旅游资源和自然山水条件，结合村落现状，兴修旅游相关的基础设施，同时也可以为村落的文娱活动所用，例如桥上茶等。并设置森林康养、文化耕读、休闲健身、山谷避暑等多样旅游路线，满足不同人群需求，促进本地旅游业发展。

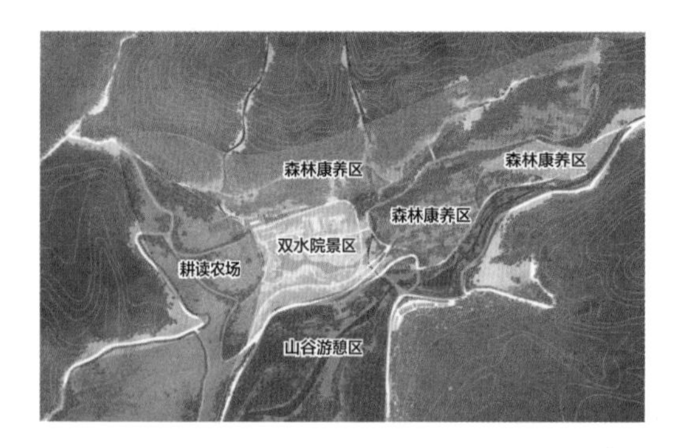

功能分区
Functional Zoning

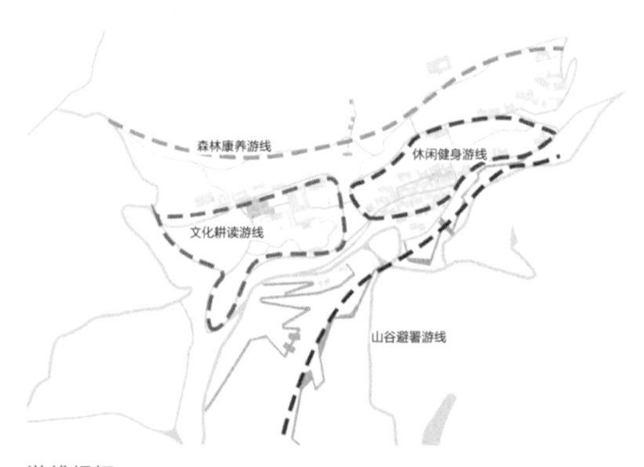

游线组织
Tour Route Organization

双泉院复原效果图
Shuangquan Courtyard Restoration

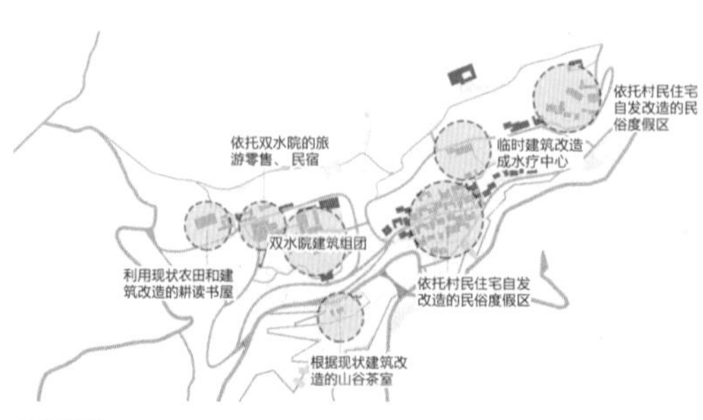

公共设施
Public Service

双泉院复原效果图
Shuangquan Courtyard Restoration

双泉村鸟瞰效果图
Aerial View

双泉村更新效果图 1
Shuangquan Village Updated

双泉村更新效果图 2
Shuangquan Village Updated

山顶露台效果图 1
Hilltop Terrace

山顶露台效果图 2
Hilltop Terrace

陈家沟村规划设计方案

Planning and Design of Chenjiagou Village

设计者：庄杭
场地面积：33hm²
关键词：浅山村落、农业风貌、聚落空间

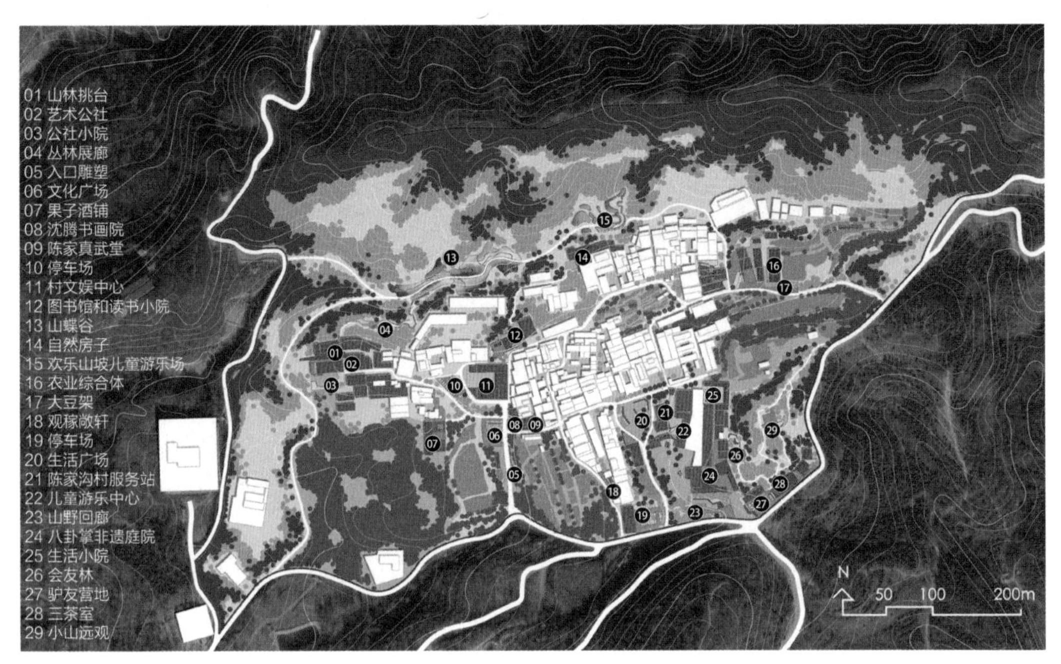

设计总平面图
Site Plan

1. 场地分析

五里坨位于北京城区边缘的浅山地带，历史上这一地区分布有许多的自然村落。陈家沟村是其中之一，地处浅山之中，依山而建，层叠错落。

随着城市扩张对城市近郊的影响，陈家沟村的建筑风貌发生了参差不齐的变化，同时伴随着人口的迁出，生产生活萧条，房屋闲置废弃，近道路的村落边缘尤为破败。

然而陈家沟村作为山林村落，拥有优越的自然风光资源，特色的农林经济基础，以及悠久的武术文化传统，正在申报非物质文化遗产。

在村落的更新中从三个层面来考虑现状资源：自然景观资源、农业风貌条件、聚落空间特征。

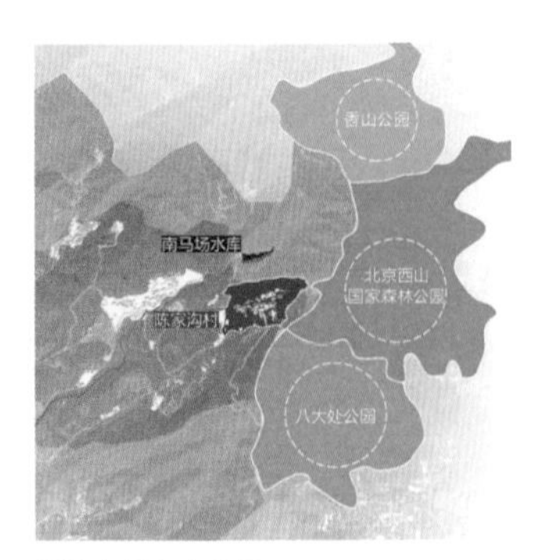

周边自然山水分析
Surrounding Natural Landscape Analysis

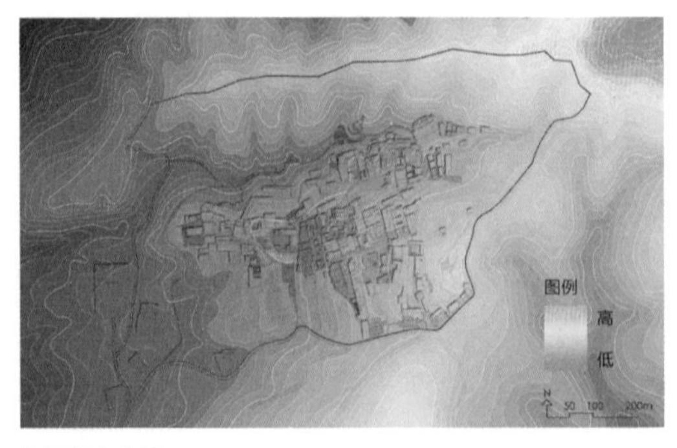

场地竖向分析
Site Vertical Analysis

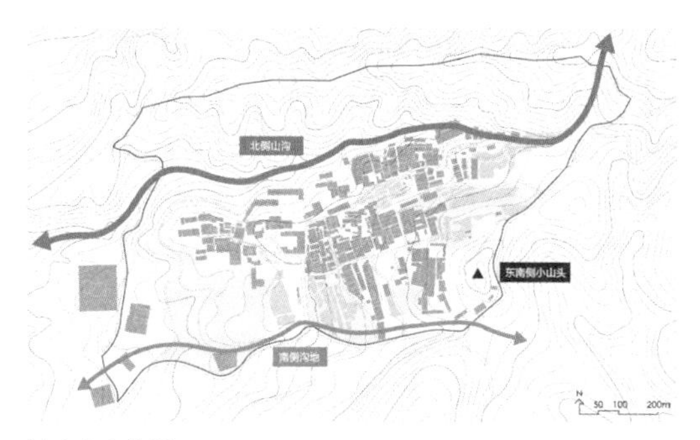

村内山水分析
Landscape Analysis in the Village

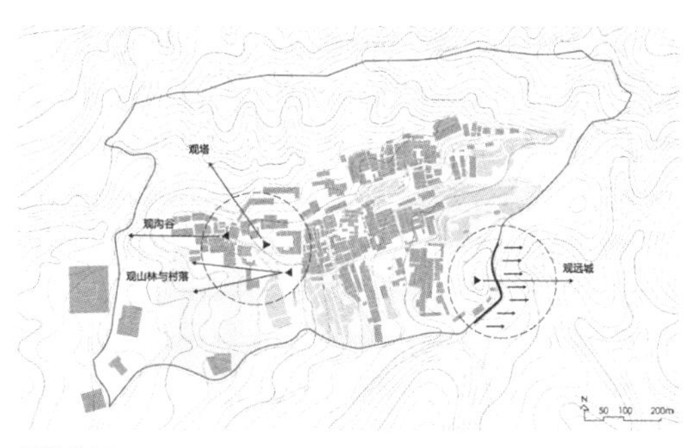

视线分析
Analysis of the View

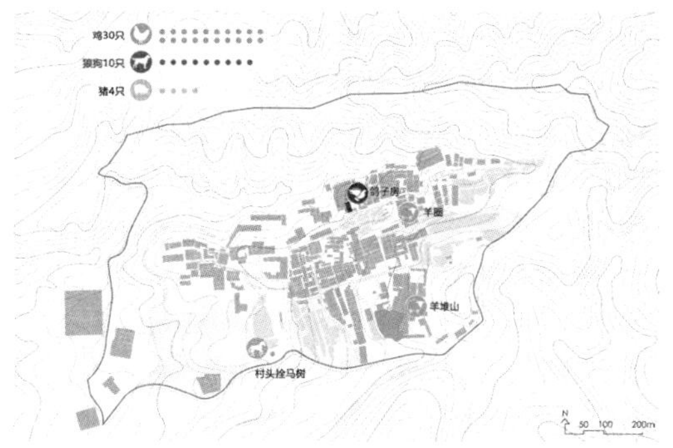

家禽家畜分布分析
Distribution of Poultry and Livestock

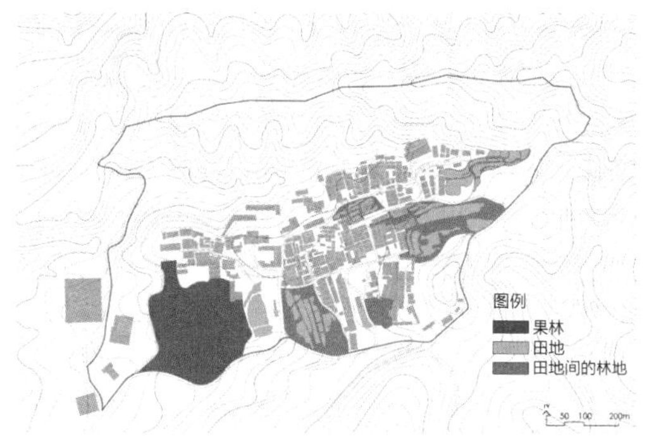

果林农田分布分析
Distribution of Fruit Forest and Farmland

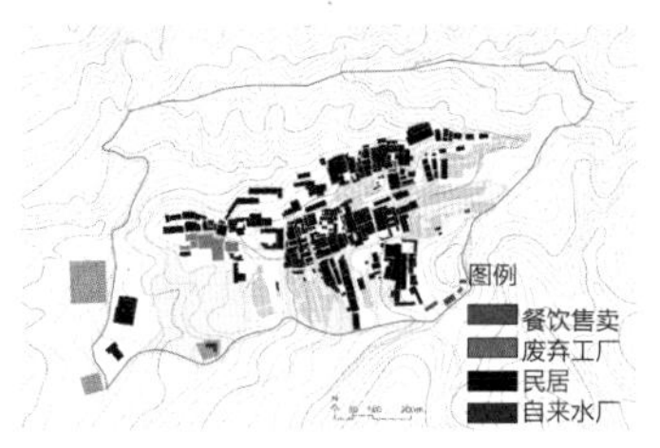

村落肌理与建筑功能分析
Village Texture Analysis

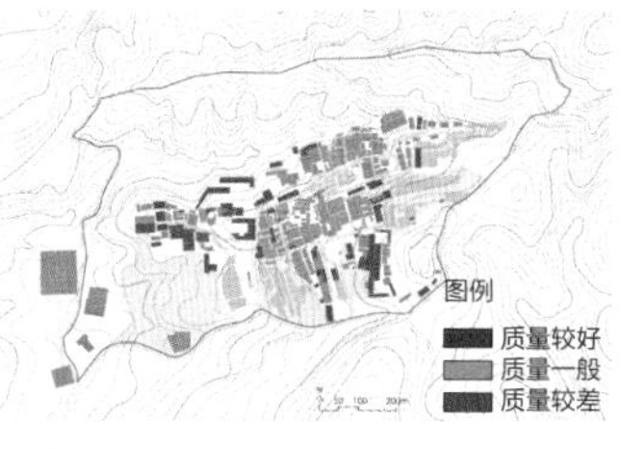

建筑质量分析
Building Quality Analysis

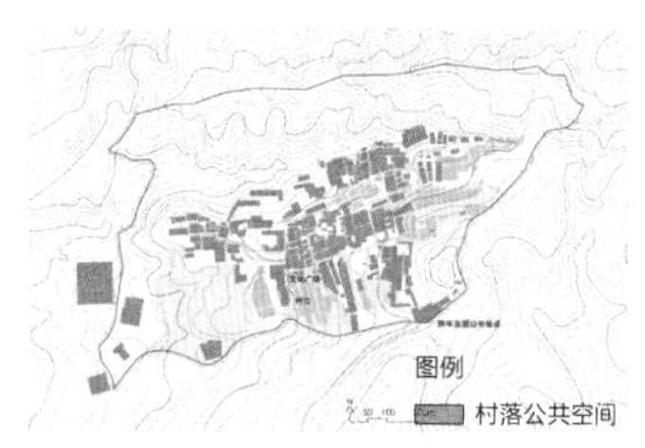

公共空间分析
Public Space Analysis

现状交通分析
Current Traffic Analysis

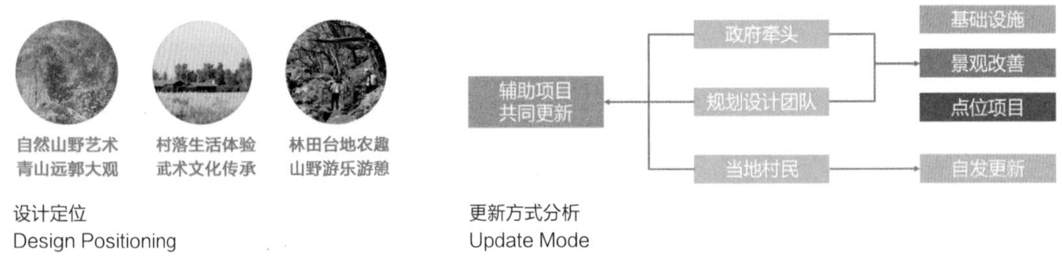

设计定位
Design Positioning

更新方式分析
Update Mode

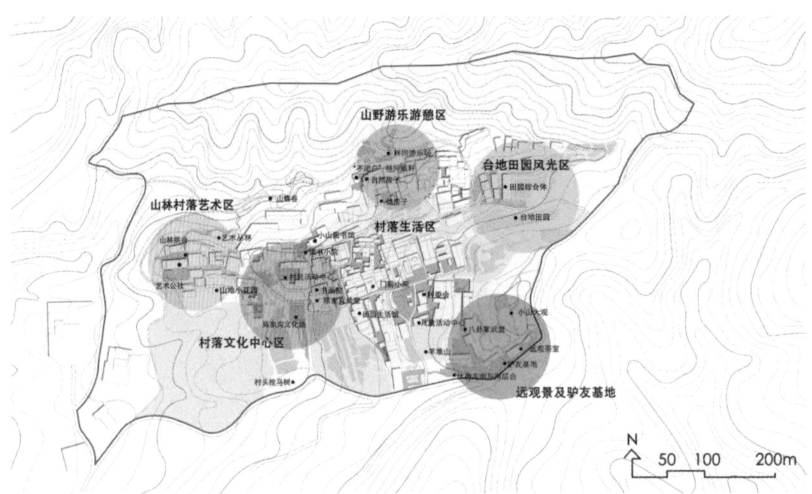

功能分区
Functional Zoning

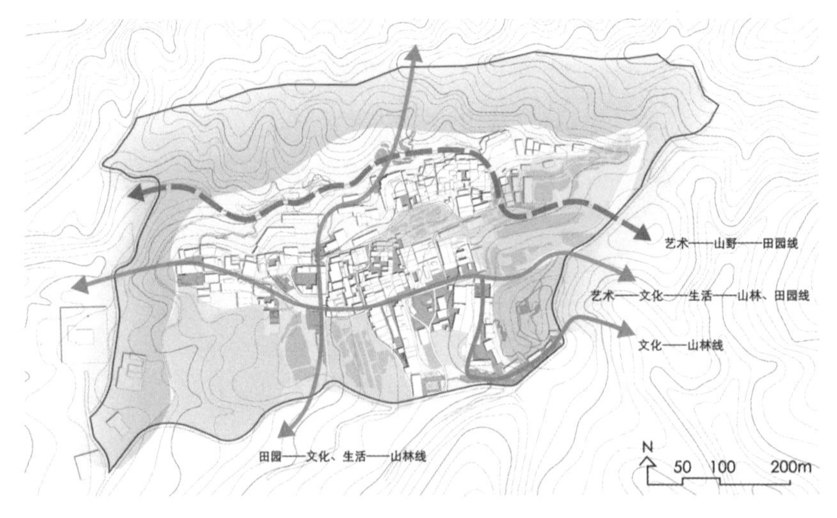

结构分析
Structure Analysis

2. 设计策略

设计希望可以保留当地原有的乡土风情，体现山林村落独特的资源利用方式和生活味道。

由政府牵头，当地村民自发更新，规划设计团队辅助项目共同更新。改善村落基础设施和景观，成为融合自然山野风光、延续原真生活历史、提供乡情体验、产业复合升级的自然村落。

结合现状资源提出了展现山林村落乡土风情的六个方面：乡土生活气息、林田台地农趣、武术文化传统、自然山野艺术、青山远郭大观、山林游乐游憩。对应着乡土风情的六个方面，结合场地现状功能分布，将村落大致划分为六个分区。结合道路和场地特色设计四条复合结构线。

3. 分区设计

（1）山野游乐游憩区：利用山林植被和山林房屋的改造，建设自然房子、果酒屋、“不闭户”夏日敞轩、山林游乐等。

（2）台地田园风光区：保留台地农田，主要果林作物，建设田园综合体。家禽家畜养殖景观转化为独特的村落生活图景和自然图画。

（3）山林村落艺术区：利用陈家沟两沟夹一脊，东侧小山丘高点的独特竖向特征。结合艺术公社的建造，发展山林艺术景观。

（4）村落生活区：是村民生活和活动的中心，保留村落生活的本真。

（5）村落文化中心区：对与传统武术文化相关的建筑进行改造提升。改善“把住村口”的传统公共空间。

（6）远观景及驴友基地：设计沟谷林地风光，以及东南望远城，西北望山村的远观景点。东南角交通交汇处自发形成的驴友停留空间。

村落文化中心区效果图
Village Cultural Center

山林村落艺术区效果图
Forest Art Area

山野游乐游憩区效果图
Mountain Recreation Area

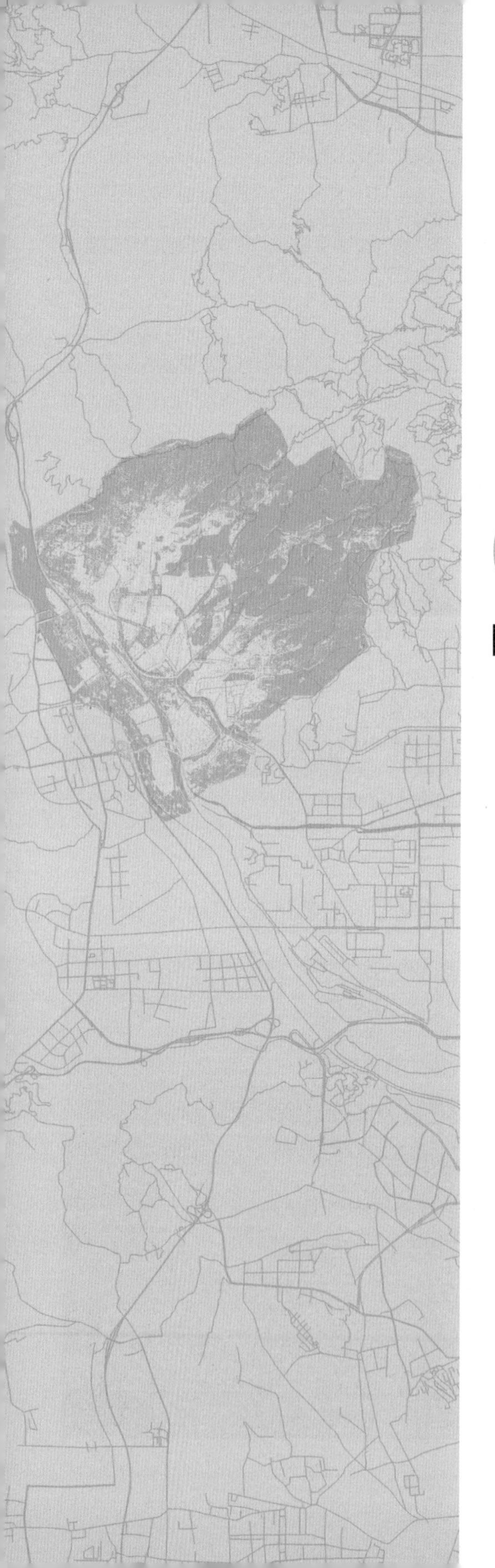

05 研究团队

RESEARCH TEAM

核心研究团队

Core Researchers

王向荣

1963年生，甘肃人，博士，北京林业大学园林学院院长、教授、博士生导师，研究方向为风景园林规划与设计。

林箐

1971年生，浙江人，博士，北京林业大学园林学院教授、博士生导师，北京多义景观规划设计研究中心主任，法国凡尔赛国立景观学院访问学者，研究方向为风景园林规划设计理论与实践。

刘志成

1964年生，江苏人，博士，北京林业大学园林学院教授、园林设计教研室主任，研究方向为风景园林规划与设计理论。

李倞

1984年生，河北人，北京林业大学园林学院副教授，研究方向为现代风景园林设计理论与实践、景观基础设施。

王沛永

1972年生，河北人，博士，北京林业大学园林学院副教授，风景园林工程教研室，研究方向为风景园林工程与设计，海绵城市建设及城市绿地用水的可持续设计研究。

钱云

1979年生，江苏人，博士，北京林业大学园林学院城市规划系副教授，研究方向为城市风景环境规划设计，住房与社区研究。

段威

1984年生，武汉人，北京林业大学园林学院副教授，北林园林规划设计研究院风景建筑研究中心副主任，清华大学建筑学院博士。

张云路

1986年生，重庆人，博士，北京林业大学园林学院园林设计教研室副教授，研究方向为风景园林规划设计。

尹豪

1976年生，山东人，博士，北京林业大学园林学院副教授，研究方向为现代园林设计理论，植物景观营造、生态规划与设计。

李正

1984年生，浙江人，博士，北京林业大学园林学院教授，园林设计教研室，研究方向为坡地与现代都市之间的历史与当下关联性。

- 梁钦东——AECOM 董事
  Liang Qindong - Director of AECOM

- 张悦——清华大学建筑学院 教授
  Zhang Yue - Professor of the School of Architecture, Tsinghua University

- 毛轩——北京市石景山区园林绿化局 局长
  Mao Xuan - Director of the Landscaping Bureau of Shijingshan District, Beijing

- 周浩——北京京林联合景观规划设计院 院长
  Zhou Hao - President of Beijing Jinglin Joint Landscape Planning and Design Institute

特邀专家

Invited Experts

严妮
Yan Ni

庄杭
Zhuang Hang

樊柏青
Fan Boqing

王婧
Wang Jing

徐昕昕
Xu Xinxin

于佳宁
Yu Jianing

廖菁菁
Liao Jingjing

欧小杨
Ou Xiaoyang

冯玮
Feng Wei

胡而思
Hu Ersi

黄婷婷
Huang Tingting

倪永薇
Ni Yongwei

研究生团队 Postgraduates

方濒曦
Fang Binxi

孙越
Sun Yue

杨亦松
Yang Yisong

林俏
Lin Qiao

王子尧
Wang Ziyao

赵茜瑶
Zhao Xiyao

刘阳
Liu Yang

施瑶
Shi Yao

团队其他参与人员 Other Participators

张文海
Zhang Wenhai

金宇星
Jin Yuxing

严晗
Yan Han

王婉颖
Wang Wanying

蔡春雨
Cai Chunyu

方茗
Fang Ming

邓佳楠
Deng Jianan

赵晓伟
Zhao Xiaowei

李艺琳
Li Yilin

宋云珊
Song Yunshan

解爽
Xie Shuang

牛思亚
Niu Siya

高珊
Gao Shan

时意
Shi Yi

王钰
Wang Yu

高梦瑶
Gao Mengyao

韩若东
Han Ruodong

于初初
Yu Chuchu

赵凯茜
Zhao Kaixi

张梦迪
Zhang Mengdi

耿丽文
Geng Liwen

郭灿灿
Guo Cancan

李佳蕙
Li Jiahui

田笑常
Tian Xiaochang

冯一凡
Feng Yifan

彭睿怡
Peng Ruiyi

丁康
Ding Kang

王静煜
Wang Jingyu

赵鹏
Zhao Peng

胡月
Hu Yue

陈为
Chen Wei

姚盈旭
Yao Yingxu

本书编辑工作

排版校对：王子尧　赵茜瑶　庄　杭　于佳宁　胡而思　徐昕昕　冯　玮　孙　越
英文翻译：王子尧　赵茜瑶